Gwyddoniaeth Ddwbl TGAU
Bioleg

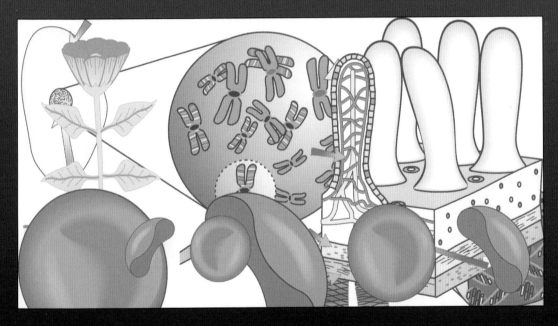

Y Llyfr Adolygu
Lefel Sylfaenol

CGP

Y fersiwn Saesneg gwreiddiol:

GCSE Double Science Biology
The Revision Guide Foundation Level

Cyhoeddwyd gan Coordination Group Publications Ltd.

Golygwydd gan: Richard Parsons
Diweddarwyd gan: Chris Dennett, James Paul Wallis, Dominic Hall, Suzanne Worthington
Darluniau: Sandy Gardner
Argraffwyd gan: Elanders Hindson, Newcastle upon Tyne.

Y fersiwn Cymraeg hwn:

© Prifysgol Cymru Aberystwyth, 2007 ⓑ

Cyhoeddwyd gan Y Ganolfan Astudiaethau Addysg (CAA), Prifysgol Cymru, Aberystwyth, Yr Hen Goleg, Aberystwyth, SY23 2AX (http://www.caa.aber.ac.uk). Noddwyd gan Lywodraeth Cynulliad Cymru.

Cyfieithydd: Eiryl Rees
Golygydd: Lynwen Rees Jones
Dylunydd: Andrew Gaunt
Argraffwyr: Argraffwyr Cambria
Clipluniau: CorelDRAW

Diolch i Helen Baker a Lyndell Williams am eu cymorth wrth brawfddarllen.

ISBN: 9781-84521-141-7

Cynnwys

Celloedd, Meinweoedd a Systemau Organau

Mae Gwahaniaethau Rhwng Celloedd Planhigion a Chelloedd Anifeiliaid

Rhaid i chi fedru llunio'r ddwy gell hyn gyda'r <u>holl fanylion</u> ar gyfer pob un.

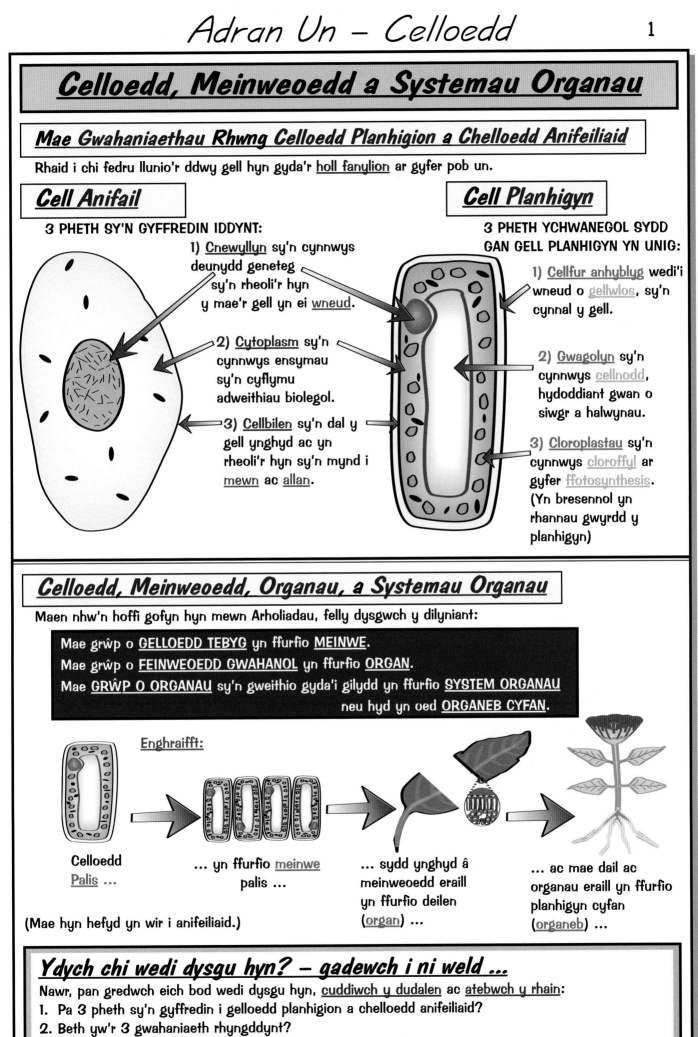

Cell Anifail

3 PHETH SY'N GYFFREDIN IDDYNT:

1) <u>Cnewyllyn</u> sy'n cynnwys deunydd geneteg sy'n rheoli'r hyn y mae'r gell yn ei <u>wneud</u>.

2) <u>Cytoplasm</u> sy'n cynnwys ensymau sy'n cyflymu adweithiau biolegol.

3) <u>Cellbilen</u> sy'n dal y gell ynghyd ac yn rheoli'r hyn sy'n mynd i <u>mewn</u> ac <u>allan</u>.

Cell Planhigyn

3 PHETH YCHWANEGOL SYDD GAN GELL PLANHIGYN YN UNIG:

1) <u>Cellfur anhyblyg</u> wedi'i wneud o <u>gellwlos</u>, sy'n cynnal y gell.

2) <u>Gwagolyn</u> sy'n cynnwys <u>cellnodd</u>, hydoddiant gwan o siwgr a halwynau.

3) <u>Cloroplastau</u> sy'n cynnwys <u>cloroffyl</u> ar gyfer <u>ffotosynthesis</u>. (Yn bresennol yn rhannau gwyrdd y planhigyn)

Celloedd, Meinweoedd, Organau, a Systemau Organau

Maen nhw'n hoffi gofyn hyn mewn Arholiadau, felly dysgwch y dilyniant:

> Mae grŵp o <u>GELLOEDD TEBYG</u> yn ffurfio <u>MEINWE</u>.
> Mae grŵp o <u>FEINWEOEDD GWAHANOL</u> yn ffurfio <u>ORGAN</u>.
> Mae <u>GRŴP O ORGANAU</u> sy'n gweithio gyda'i gilydd yn ffurfio <u>SYSTEM ORGANAU</u> neu hyd yn oed <u>ORGANEB CYFAN</u>.

Enghraifft:

Celloedd
<u>Palis</u> ...

... yn ffurfio <u>meinwe</u> palis ...

... sydd ynghyd â meinweoedd eraill yn ffurfio deilen (<u>organ</u>) ...

... ac mae dail ac organau eraill yn ffurfio planhigyn cyfan (<u>organeb</u>) ...

(Mae hyn hefyd yn wir i anifeiliaid.)

Ydych chi wedi dysgu hyn? – gadewch i ni weld ...

Nawr, pan gredwch eich bod wedi dysgu hyn, <u>cuddiwch y dudalen</u> ac <u>atebwch y rhain</u>:

1. Pa 3 pheth sy'n gyffredin i gelloedd planhigion a chelloedd anifeiliaid?
2. Beth yw'r 3 gwahaniaeth rhyngddynt?
3. Tynnwch lun dilyniant o gelloedd i organeb ar gyfer planhigyn.

Celloedd Arbenigol

Mae'r rhan fwyaf o gelloedd wedi arbenigo ar gyfer swyddogaeth benodol, ac mewn arholiad mae'n debyg y bydd gofyn i chi esbonio pam y mae'r gell a ddangosir i chi yn dda yn ei gwaith. Mae hyn yn llawer haws os fyddwch wedi eu dysgu yn barod.

1) Mae Celloedd Palis Dail wedi'u Llunio ar gyfer Ffotosynthesis

1) Mae'n nhw'n llawn cloroplastau ar gyfer ffotosynthesis.
2) Mae'r siâp tal yn golygu bod llawer o'r arwynebedd arwyneb yn agored i lawr yr ochr er mwyn amsugno CO_2 o'r aer yn y ddeilen.
3) Mae'r siâp tal hefyd yn golygu bod gobaith y bydd golau yn taro cloroplast cyn cyrraedd gwaelod y gell.

2) Mae Celloedd Gwarchod wedi'u Llunio i Agor a Chau

1) Celloedd arbennig siâp aren sy'n agor a chau'r stomata (un mandwll yw stoma) wrth i'r celloedd fynd yn chwydd-dynn neu'n llipa.
2) Mae'r muriau allanol tenau a'r muriau mewnol trwchus yn helpu'r swyddogaeth o agor a chau weithio'n iawn.
3) Maen nhw hefyd yn sensitif i olau ac yn cau yn y nos er mwyn cynnal y lefelau dŵr heb effeithio ar ffotosynthesis.

3) Mae Celloedd Coch y Gwaed wedi'u Llunio i Gludo Ocsigen

1) Maent o siâp donyt er mwyn galluogi i'r haemoglobin sydd ynddynt amsugno cymaint o ocsigen a phosibl. Mae eu swyddogaeth yn debyg i'r celloedd palis uchod. Maent o siâp donyt yn hytrach nag yn dal er mwyn medru symud yn hawdd drwy'r capilarïau.
2) Maent mor llawn o haemoglobin fel nad oes lle i gnewyllyn.

4) Mae celloedd Sberm ac Wy wedi'u harbenigo ar gyfer Atgenhedlu

Wy

Maint y sberm mewn perthynas â'r wy

Sberm

1) Mewn cell wy mae llawer iawn o fwyd wedi ei storio er mwyn rhoi maeth i'r embryo sy'n datblygu.
2) Pan fydd sberm yn ymasio gydag wy, mae cellbilen yr wy yn newid yn syth i atal rhagor o sberm fynd i mewn iddo.
3) Mae cynffon hir y sberm yn ei helpu i nofio ar ei daith hir i ddod o hyd i wy.
4) Oes byr iawn sydd gan sberm felly dim ond y rhai mwyaf ffit sy'n goroesi y ras at yr wy.

Ar gyfer rhai meysydd llafur rhaid i chi ddysgu bod popeth byw yn dangos y 7 nodwedd bywyd hyn:

S — Symud – gallu symud rhannau o'r corff
A — Atgenhedlu - cynhyrchu epil (cael rhai bach)
S — Sensitif – ymateb i newid yn y byd tu allan
M — Maethiad – cael bwyd i'r rhannau sydd ei angen
Y — Ysgarthu – gwaredu cynnyrch gwastraff
R — Resbiradu – cael egni o fwyd
T — Tyfu – mynd yn fwy nes cyrraedd maint oedolyn

Celloedd Arbenigol ...

Pan gredwch eich bod wedi dysgu popeth sydd ar y dudalen hon, cuddiwch hi. Nawr brasluniwch y pedair cell arbenigol y soniwyd amdanynt ar y dudalen hon a dangoswch eu nodweddion arbennig.

Trylediad

Peidiwch â phoeni ynglŷn â'r gair ffansi

Mae "trylediad" yn ddigon syml. Dyma'r term am ronynnau'n <u>symud yn raddol</u> o fannau lle mae <u>llawer</u> ohonynt i fannau lle mae llai ohonynt.

Hynny yw — <u>y tueddiad naturiol i sylwedd ymledu.</u>

Yn anffodus rhaid i chi <u>ddysgu</u>'r ffordd ffansi o ddweud yr un peth, sef:

<u>TRYLEDIAD</u> yw <u>GRONYNNAU'N SYMUD</u> o fan lle mae <u>CRYNODIAD</u> <u>UWCH</u> i fan lle mae <u>CRYNODIAD IS.</u>

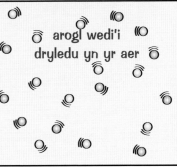

Mae Trylediad Nwyon mewn Dail yn hanfodol ar gyfer Ffotosynthesis

Y math <u>mwyaf syml</u> o dryled iad yw lle mae gwahanol nwyon yn tryledu drwy ei gilydd, fel pryd y bydd arogl rhyfedd yn ymledu drwy'r aer mewn ystafell. Mae tryled iad nwyon yn digwydd hefyd mewn <u>dail</u> ac mae'n eithaf tebyg y cewch gwestiwn ar hyn yn eich arholiad. Felly, dysgwch hyn yn awr:

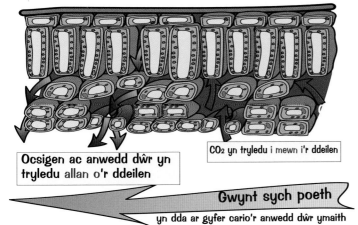

Ocsigen ac anwedd dŵr yn tryledu allan o'r ddeilen

CO₂ yn tryledu i mewn i'r ddeilen

Gwynt sych poeth
yn dda ar gyfer cario'r anwedd dŵr ymaith

Ar gyfer ffotosynthesis rhaid i nwy <u>carbon deuocsid</u> fynd <u>i mewn</u> i'r dail. Mae'n gwneud hyn drwy dryledu drwy'r tyllau bach iawn dan y ddeilen a elwir yn <u>stomata</u>.

Ar yr un pryd mae <u>anwedd dŵr</u> ac <u>ocsigen</u> yn tryledu <u>allan</u> drwy yr un tyllau bach.

Mae'r anwedd dŵr yn dianc drwy dryled iad am fod llawer ohono y <u>tu mewn</u> i'r ddeilen a llai ohono yn yr <u>aer</u> <u>y tu allan</u>. Mae'r tryled iad hwn yn achosi <u>trydarthiad</u> ac mae'n digwydd yn <u>gyflymach</u> pan fydd yr aer o gwmpas y ddeilen yn cael ei gadw yn <u>sych</u> — h.y. mae trydarthiad yn digwydd yn gyflymach pan fydd hi'n <u>boeth</u>, yn <u>sych</u> ac yn <u>wyntog</u> — a pheidiwch ag anghofio hynny!

Tryled iad – Tawel ond Angheuol ...

Ydi siŵr mae hwn yn lyfr deniadol ond y syniad yw i chi <u>ddysgu</u> yr holl stwff sydd ynddo.
Felly, dysgwch y dudalen hon nes y gallwch ateb y cwestiynau hyn <u>heb edrych yn ôl</u> ar y llyfr:
1) Ysgrifennwch y diffiniad ffansi ar gyfer tryled iad, a nodwch ei ystyr yn eich geiriau eich hun.
2) Lluniwch drawstoriad o ddeilen gyda saethau'n dangos i ba gyfeiriad y mae'r tri nwy'n tryledu.
3) Pa amodau tywydd sy'n gwneud i anwedd dŵr dryledu allan o'r ddeilen gyflymaf?

Trylediad Drwy Gellbilenni

Mae cellbilenni'n glyfar...

Mae'n nhw'n glyfar am eu bod yn dal popeth y tu mewn i'r gell ond yn gadael pethau i mewn ac allan hefyd. Dim ond moleciwlau bach iawn all dryledu drwy gellbilenni – pethau fel glwcos neu asidau amino.

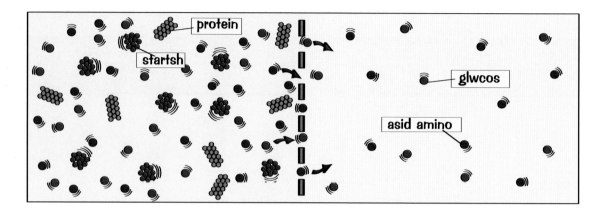

1) Sylwch na all moleciwlau mawr megis startsh neu broteinau dryledu drwy gellbilenni – fe allent ofyn hyn i chi mewn arholiad.
2) Yn debyg iawn i drylediad mewn aer, mae gronynnau'n llifo drwy'r gellbilen o fan lle mae crynodiad uwch (llawer ohonynt) i fan lle mae crynodiad is (dim cymaint ohonynt).

Mae gwreiddflew yn cymryd Mwynau a Dŵr i mewn

1) Mae celloedd ar wreiddiau planhigion yn tyfu'n "flew" hir sy'n ymestyn allan i'r pridd.
2) Mae hyn yn rhoi arwynebedd arwyneb mawr i'r planhigyn er mwyn amsugno dŵr a mwynau o'r pridd.

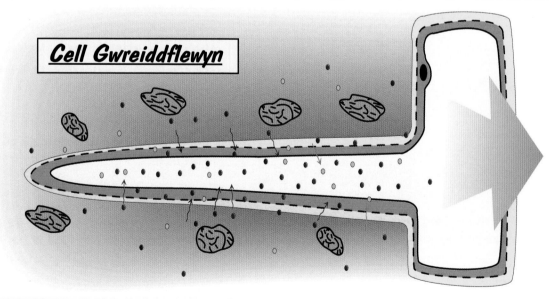

Cell Gwreiddflewyn

Tudalen hawdd iawn ei dysgu ...

Gwnewch yn siŵr y medrwch ateb y rhain gyda'r dudalen wedi'i chuddio – os na fedrwch, nid ydych wedi ei dysgu:
1) Pa fath o foleciwlau fydd yn tryledu drwy gellbilenni a pha fath na fydd yn gwneud hynny?
2) Rhowch ddwy enghraifft o bob un.
3) Lluniwch ddiagram llawn o wreiddflewyn a nodwch yr hyn y mae'n ei wneud.

Osmosis

Achos arbennig o Drylediad yw Osmosis, dyna'r cyfan

Osmosis yw moleciwlau dŵr yn symud ar draws pilen sy'n lledathraidd o fan lle mae crynodiad uwch o ddŵr i fan lle mae crynodiad is o ddŵr.

1) Pilen sydd â thyllau mân ynddi yw pilen lledathraidd. Gan fod y tyllau mor fân, dim ond moleciwlau dŵr all fynd drwyddynt. Ni all moleciwlau mwy megis glwcos wneud hynny.

2) Mae tiwbin Visking yn bilen lledathraidd y dylech ddysgu ei enw. Fe'i gelwir hefyd yn diwbin dialysis am iddo gael ei ddefnyddio mewn peiriannau dialysis arennau.

3) Mae moleciwlau dŵr yn symud y ddwy ffordd drwy'r bilen fel traffig dwyffordd.

4) Ond am fod mwy ar y naill ochr nag sydd ar y llall mae llif clir cyson i'r rhan sydd â llai o foleciwlau dŵr h.y. i'r hydoddiant cryfaf (o glwcos).

5) Mae hyn yn achosi i'r rhan sy'n llawn glwcos lenwi â dŵr. Mae'r dŵr yn gweithredu fel pe bai'n ceisio'i gwanedu er mwyn cydbwyso'r crynodiad ar y naill ochr i'r bilen a'r llall.

6) Mae OSMOSIS yn gwneud i gelloedd planhigion chwyddo os oes hydoddiant gwan o'u hamgylch. Fe ânt yn CHWYDD-DYNN. Mae hyn yn ddefnyddiol iawn er mwyn cynnal meinwe planhigion gwyrdd ac er mwyn agor celloedd gwarchod stomataidd.

7) Nid oes cellfur gan gelloedd anifeiliaid. Gall y celloedd hyn chwalu o'u rhoi mewn dŵr pur am eu bod yn cymryd cymaint o ddŵr i mewn drwy osmosis.

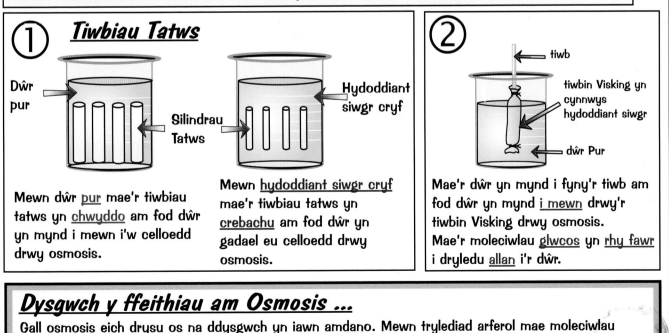

Dŵr | Hydoddiant Siwgr

Symudiad moleciwlau dŵr

Cell planhigyn chwydd-dynn

Cell anifail yn chwalu

Dau Arbrawf Osmosis – Ffefrynnau mewn Arholiadau

① Tiwbiau Tatws

Dŵr pur

Hydoddiant siwgr cryf

Silindrau Tatws

Mewn dŵr pur mae'r tiwbiau tatws yn chwyddo am fod dŵr yn mynd i mewn i'w celloedd drwy osmosis.

Mewn hydoddiant siwgr cryf mae'r tiwbiau tatws yn crebachu am fod dŵr yn gadael eu celloedd drwy osmosis.

②

tiwb

tiwbin Visking yn cynnwys hydoddiant siwgr

dŵr Pur

Mae'r dŵr yn mynd i fyny'r tiwb am fod dŵr yn mynd i mewn drwy'r tiwbin Visking drwy osmosis.
Mae'r moleciwlau glwcos yn rhy fawr i dryledu allan i'r dŵr.

Dysgwch y ffeithiau am Osmosis ...

Gall osmosis eich drysu os na ddysgwch yn iawn amdano. Mewn trylediad arferol mae moleciwlau glwcos yn symud, ond gyda thyllau digon mân allan nhw ddim. Wedyn dim ond dŵr sy'n symud drwy'r bilen ac fe'i gelwir yn osmosis. Hawdd iawn ddywedwn i. Dysgwch a mwynhewch.

Crynodeb Adolygu Adran Un

Adran fer a hawdd yw hon. Ond mae gwaith hawdd yn golygu marciau hawdd, felly gwnewch yn siŵr eich bod yn cael y marciau hawdd yma — pob un ohonynt. Does dim byd mwy dwl na gweithio yn galed iawn ar gyfer y gwaith anodd ac anghofio am y rhannau hawdd. Dyma rai cwestiynau anodd i chi. Ceisiwch eu hymarfer drosodd a throsodd a throsodd nes eich bod ym medru llithro drostynt i gyd yn llyfn, fel alarch ar lyn.

1) Copïwch y diagramau isod a chwblhewch y labeli gan ychwanegu disgrifiad byr ar gyfer pob un.

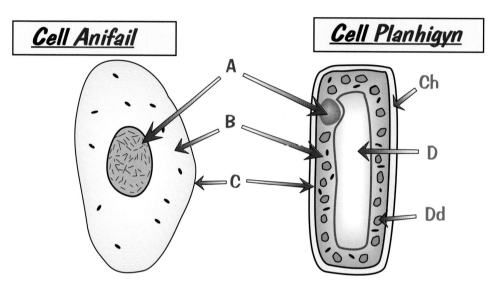

Cell Anifail

Cell Planhigyn

2) Brasluniwch ddwy gell blanhigyn benodol.

3) Eglurwch sut mae pob cell yn arbenigol.

4) Brasluniwch ddwy gell anifail wahanol.

5) Eglurwch sut mae pob cell yn arbenigol.

6) Enwch a disgrifiwch saith nodwedd bywyd.

7) Llenwch y bylchau yn y dilyniant hwn: .... → .... → organ → organeb.

8) Rhowch enghraifft o'r dilyniant hwn mewn planhigion.

9) Diffiniwch y term trylediad.

10) Brasluniwch sut mae arogl yn tryledu drwy'r aer mewn ystafell.

11) Pam mae cellbilenni'n glyfar?

12) Beth fydd a beth na fydd yn tryledu drwy gellbilenni?

13) a) Beth sy'n digwydd wrth y gwreiddflew? b) Pa broses sydd ynghlwm wrth hyn?
    c) Pa broses na fydd yn gweithio yno?

14) Rhowch y diffiniad llawn a manwl o osmosis.

15) Beth mae osmosis yn ei wneud i gelloedd planhigion ac anifeiliaid mewn dŵr pur?

16) Beth yw tiwbin Visking? Beth fydd a beth na fydd yn mynd trwyddo?

17) Rhowch fanylion llawn am yr arbrawf tiwbiau tatws a'r arbrawf Tiwbin Visking.

Adeiledd Sylfaenol Planhigyn

Rhaid i chi wybod am rannau o'r planhigyn a'r hyn a wnânt:

Mae swyddogaeth Wahanol i'r Pum Rhan Wahanol o'r Planhigyn

1) Blodyn

Mae hwn yn <u>denu pryfed megis gwenyn</u> sy'n cario <u>paill</u> rhwng gwahanol blanhigion. Mae hyn yn galluogi i'r planhigion <u>beillio ac atgenhedlu</u>.

Mae mwy o wybodaeth am ddail ar y dudalen nesaf

2) Deilen

Mae'n cynhyrchu <u>bwyd</u> ar gyfer y planhigyn. Fe ddywedai fe eto, gwrandewch...
<u>Mae'r ddeilen yn cynhyrchu'r holl fwyd y mae ar y planhigyn ei angen.</u>

Dydy planhigion ddim yn cymryd bwyd o'r pridd. <u>Mae planhigion yn gwneud eu bwyd i gyd</u> eu hunain yn eu dail gan ddefnyddio <u>ffotosynthesis</u>.

(Rhyfedd iawn! Dychmygwch wneud eich bwyd eich hun i gyd o dan eich croen drwy orwedd yn yr haul – heb orfod bwyta dim!)

3) Coesyn

1) Mae hwn yn cadw'r planhigyn yn <u>unionsyth</u>.
2) Hefyd, mae <u>dŵr</u> a <u>bwyd</u> yn symud i <u>fyny ac i lawr</u> y coesyn.

5) Gwreiddyn

1) <u>Angori</u> yw ei brif waith.
2) Mae hefyd yn <u>cymryd dŵr</u> ac ychydig o <u>ïonau mwynol</u> i mewn o'r pridd. Ond dŵr yn bennaf.
<u>Cofiwch nad yw planhigion yn cymryd "bwyd" o'r pridd.</u>

4) Gwreiddflew

Mae rhain yn rhoi <u>arwynebedd arwyneb mawr</u> er mwyn <u>amsugno dŵr</u> ac ïonau o'r pridd.

Y syniad mawr yw dysgu hyn i gyd ...

Rhaid <u>dysgu</u> popeth ar y dudalen hon gan ei fod yn debygol iawn o godi yn eich arholiadau. Mae'n waith digon syml, ond gallech gael trafferth os na fyddwch wedi ei ddysgu'n iawn. Er enghraifft: "Beth yw prif swyddogaeth y gwreiddyn?" Mae gormod yn ateb "Cymryd bwyd i mewn o'r pridd" – Wps! DYSGWCH y ffeithiau hyn. Maen nhw i gyd yn bwysig. Dylech ymarfer nes y gallwch lunio'r diagram ac ysgrifennu'r <u>holl</u> fanylion i lawr <u>heb edrych yn ôl</u>.

Adeiledd Deilen

Mae Dail wedi'u Llunio ar gyfer Un Peth yn Unig

— Gwneud Bwyd drwy Ffotosynthesis

Mae holl adeiledd dail wedi'i amcanu at hynny. Cofiwch ddysgu'r diagram hwn a'i labeli:

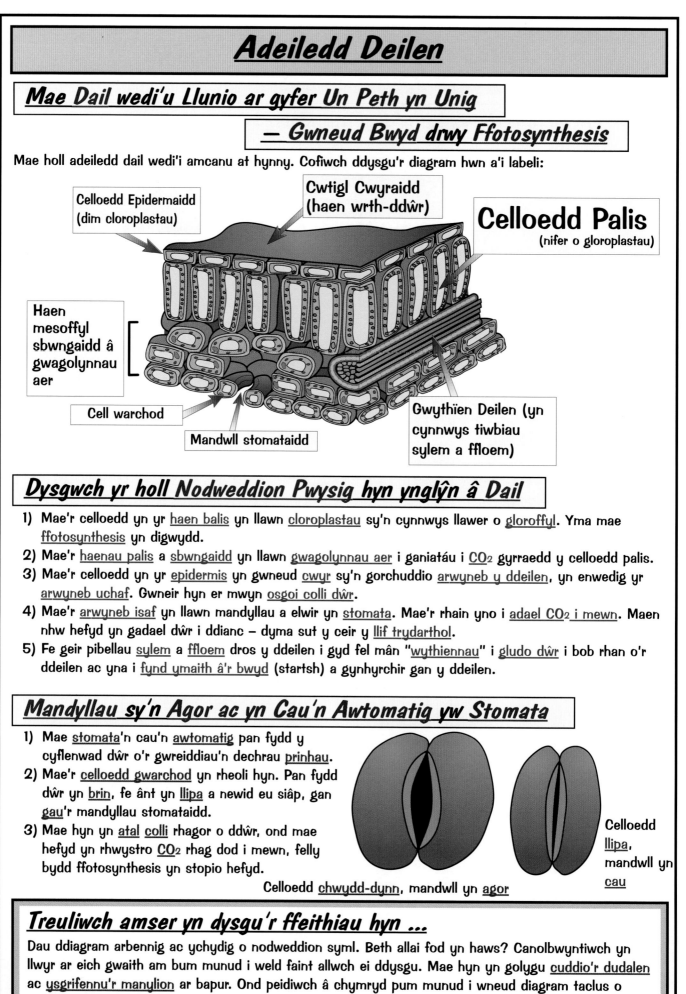

Celloedd Epidermaidd (dim cloroplastau)

Cwtigl Cwyraidd (haen wrth-ddŵr)

Celloedd Palis (nifer o gloroplastau)

Haen mesoffyl sbwngaidd â gwagolynnau aer

Cell warchod

Mandwll stomataidd

Gwythïen Deilen (yn cynnwys tiwbiau sylem a ffloem)

Dysgwch yr holl Nodweddion Pwysig hyn ynglŷn â Dail

1) Mae'r celloedd yn yr <u>haen balis</u> yn llawn <u>cloroplastau</u> sy'n cynnwys llawer o <u>gloroffyl</u>. Yma mae <u>ffotosynthesis</u> yn digwydd.

2) Mae'r <u>haenau palis</u> a <u>sbwngaidd</u> yn llawn <u>gwagolynnau aer</u> i ganiatáu i CO_2 gyrraedd y celloedd palis.

3) Mae'r celloedd yn yr <u>epidermis</u> yn gwneud <u>cwyr</u> sy'n gorchuddio <u>arwyneb y ddeilen</u>, yn enwedig yr <u>arwyneb uchaf</u>. Gwneir hyn er mwyn <u>osgoi colli dŵr</u>.

4) Mae'r <u>arwyneb isaf</u> yn llawn mandyllau a elwir yn <u>stomata</u>. Mae'r rhain yno i <u>adael CO_2 i mewn</u>. Maen nhw hefyd yn gadael dŵr i ddianc – dyma sut y ceir y <u>llif trydarthol</u>.

5) Fe geir pibellau <u>sylem</u> a <u>ffloem</u> dros y ddeilen i gyd fel mân "<u>wythiennau</u>" i <u>gludo dŵr</u> i bob rhan o'r ddeilen ac yna i <u>fynd ymaith â'r bwyd</u> (startsh) a gynhyrchir gan y ddeilen.

Mandyllau sy'n Agor ac yn Cau'n Awtomatig yw Stomata

1) Mae <u>stomata</u>'n cau'n <u>awtomatig</u> pan fydd y cyflenwad dŵr o'r gwreiddiau'n dechrau <u>prinhau</u>.

2) Mae'r <u>celloedd gwarchod</u> yn rheoli hyn. Pan fydd dŵr yn <u>brin</u>, fe ânt yn <u>llipa</u> a newid eu siâp, gan <u>gau'r</u> mandyllau stomataidd.

3) Mae hyn yn <u>atal colli</u> rhagor o ddŵr, ond mae hefyd yn rhwystro CO_2 rhag dod i mewn, felly bydd ffotosynthesis yn stopio hefyd.

Celloedd <u>chwydd-dynn</u>, mandwll yn <u>agor</u>

Celloedd <u>llipa</u>, mandwll yn <u>cau</u>

Treuliwch amser yn dysgu'r ffeithiau hyn ...

Dau ddiagram arbennig ac ychydig o nodweddion syml. Beth allai fod yn haws? Canolbwyntiwch yn llwyr ar eich gwaith am bum munud i weld faint allwch ei ddysgu. Mae hyn yn golygu <u>cuddio'r dudalen</u> ac <u>ysgrifennu'r manylion</u> ar bapur. Ond peidiwch â chymryd pum munud i wneud diagram taclus o ddeilen – mae hynny'n wastraff ar amser gwerthfawr.

Y Llif Trydarthol

Y Broses lle mae'r Planhigyn yn Colli dŵr yw Trydarthiad

1) Caiff ei achosi gan ddŵr yn anweddu o'r tu mewn i'r dail.
2) Mae hyn yn creu peth prinder dŵr yn y ddeilen sy'n tynnu rhagor o ddŵr i fyny o weddill y planhigyn, sydd yn ei dro yn tynnu rhagor i fyny o'r gwreiddiau.
3) Mae dwy effaith fanteisiol i hyn: a) mae'n cludo mwynau o'r pridd b) mae'n oeri'r planhigyn.

dŵr yn anweddu o'r dail

dŵr yn ymdreiddio i'r gwreiddiau

4 Ffactor sy'n effeithio amo

Mae pedwar peth yn effeithio ar gyfradd trydarthiad:
1) Golau
2) Tymheredd
3) Symudiad aer
4) Lleithder yr aer oddi amgylch.

Mae'n amlwg y ceir y gyfradd drydarthu fwyaf pan fydd hi'n boeth, yn sych, yn wyntog, ac yn heulog, h.y. tywydd perffaith i sychu dillad.

I'r gwrthwyneb, bydd diwrnod claear, cymylog, llaith, heb wynt yn achosi'r gyfradd leiaf o drydarthiad.

Mae mantais i'r llif cyson hwn o ddŵr, sef cludo mwynau hanfodol o'r pridd i mewn i'r gwreiddiau ac yna drwy'r planhigyn cyfan.

Bydd mewnlifiad dŵr a mwynau yn digwydd bron yn gyfan gwbl wrth y gwreiddflew.

Mae Gwasgedd Chwydd-dyndra yn Cynnal Meinweoedd Planhigyn

1) Pan fydd planhigyn wedi'i ddyfrhau'n dda, bydd ei holl gelloedd yn tynnu dŵr i mewn iddynt drwy osmosis ac yn mynd yn chwydd-dynn.
2) Bydd cynnwys y gell yn dechrau gwthio yn erbyn y cellfur, fel balŵn mewn blwch esgidiau, a thrwy hynny yn cynnal meinweoedd y planhigyn.
3) Fe gaiff dail eu cynnal yn gyfan gwbl gan y gwasgedd chwydd-dyndra hwn. Fe wyddom hyn oherwydd os nad oes dŵr yn y pridd, bydd y planhigyn yn dechrau gwywo a bydd y dail yn pendrynnu. Y rheswm yw bod y celloedd yn dechrau colli dŵr ac felly yn colli eu gwasgedd chwydd-dyndra.

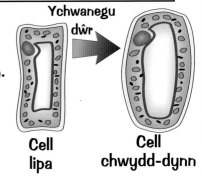

Ychwanegu dŵr

Cell lipa

Cell chwydd-dynn

Mae'n helpu os gallwch gymryd pethau i mewn yn dda ...

Mae tipyn o wybodaeth ar y dudalen hon. Gallech geisio dysgu'r pwyntiau sydd wedi'u rhifo ond, yn well na hynny, gwnewch "draethawd byr" am drydarthiad gan ysgrifennu popeth a gofiwch. Yna edrychwch yn ôl i weld a anghofioch chi rywbeth. Gwnewch hyn nes y byddwch chi'n cofio'r cyfan!

Systemau Cludo mewn Planhigion

Rhaid i blanhigion gludo gwahanol bethau oddi mewn iddynt. Mae ganddynt diwbiau i wneud hyn.

Mae Pibellau Ffloem a Sylem yn Cludo Gwahanol Bethau

1) Mae gan blanhigion ddwy set wahanol o diwbiau ar gyfer cludo pethau o gwmpas y planhigyn.
2) Mae'r ddwy set o diwbiau'n mynd i bob rhan o'r planhigyn, ond maent yn gwbl ar wahân.
3) Maent fel arfer yn gyfochrog â'i gilydd.

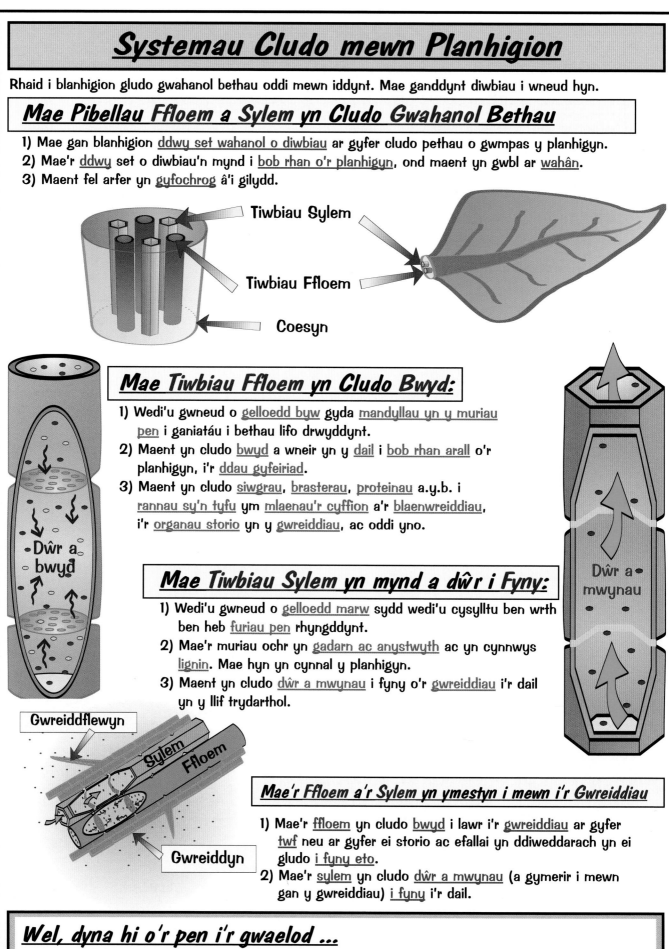

Tiwbiau Sylem

Tiwbiau Ffloem

Coesyn

Mae Tiwbiau Ffloem yn Cludo Bwyd:

1) Wedi'u gwneud o gelloedd byw gyda mandyllau yn y muriau pen i ganiatáu i bethau lifo drwyddynt.
2) Maent yn cludo bwyd a wneir yn y dail i bob rhan arall o'r planhigyn, i'r ddau gyfeiriad.
3) Maent yn cludo siwgrau, brasterau, proteinau a.y.b. i rannau sy'n tyfu ym mlaenau'r cyffion a'r blaenwreiddiau, i'r organau storio yn y gwreiddiau, ac oddi yno.

Dŵr a bwyd

Mae Tiwbiau Sylem yn mynd a dŵr i Fyny:

1) Wedi'u gwneud o gelloedd marw sydd wedi'u cysylltu ben wrth ben heb furiau pen rhyngddynt.
2) Mae'r muriau ochr yn gadarn ac anystwyth ac yn cynnwys lignin. Mae hyn yn cynnal y planhigyn.
3) Maent yn cludo dŵr a mwynau i fyny o'r gwreiddiau i'r dail yn y llif trydarthol.

Dŵr a mwynau

Gwreiddflewyn

Sylem

Ffloem

Gwreiddyn

Mae'r Ffloem a'r Sylem yn ymestyn i mewn i'r Gwreiddiau

1) Mae'r ffloem yn cludo bwyd i lawr i'r gwreiddiau ar gyfer twf neu ar gyfer ei storio ac efallai yn ddiweddarach yn ei gludo i fyny eto.
2) Mae'r sylem yn cludo dŵr a mwynau (a gymerir i mewn gan y gwreiddiau) i fyny i'r dail.

Wel, dyna hi o'r pen i'r gwaelod ...

Dyma dudalen hawdd. Mae gwahaniaethau pwysig rhwng tiwbiau sylem a ffloem. Dysgwch yr holl bwyntiau a'r diagramau. Yna dylech guddio'r dudalen ac ysgrifennu'r cyfan i lawr gyda brasluniau manwl o'r diagramau. Gwnewch hyn eto nes y byddwch chi'n cofio'r cyfan.

Ffotosynthesis

Mae Ffotosynthesis yn Cynhyrchu Glwcos o Olau Haul

1) Ffotosynthesis yw'r broses sy'n cynhyrchu "bwyd" mewn planhigion. Glwcos yw'r "bwyd" sy'n cael ei gynhyrchu.

2) Mae ffotosynthesis yn digwydd yn y dail ym mhob planhigyn gwyrdd – dyna ddiben dail.

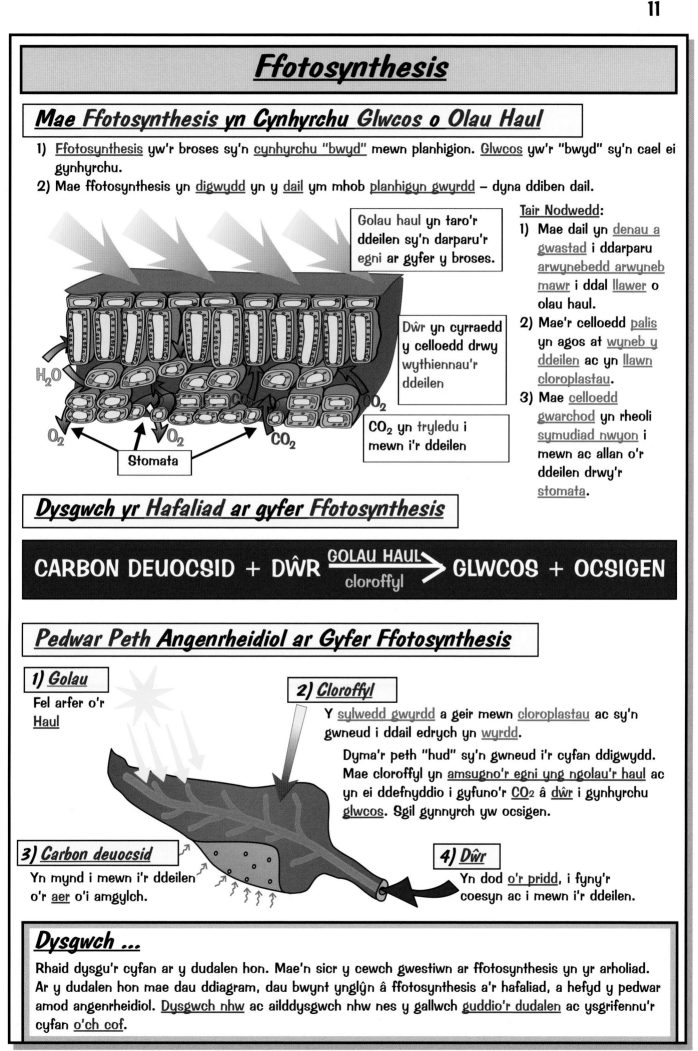

Golau haul yn taro'r ddeilen sy'n darparu'r egni ar gyfer y broses.

Dŵr yn cyrraedd y celloedd drwy wythiennau'r ddeilen

CO_2 yn tryledu i mewn i'r ddeilen

H_2O

O_2 O_2 CO_2

Stomata

Tair Nodwedd:

1) Mae dail yn denau a gwastad i ddarparu arwynebedd arwyneb mawr i ddal llawer o olau haul.

2) Mae'r celloedd palis yn agos at wyneb y ddeilen ac yn llawn cloroplastau.

3) Mae celloedd gwarchod yn rheoli symudiad nwyon i mewn ac allan o'r ddeilen drwy'r stomata.

Dysgwch yr Hafaliad ar gyfer Ffotosynthesis

$$\text{CARBON DEUOCSID} + \text{DŴR} \xrightarrow[\text{cloroffyl}]{\text{GOLAU HAUL}} \text{GLWCOS} + \text{OCSIGEN}$$

Pedwar Peth Angenrheidiol ar Gyfer Ffotosynthesis

1) Golau

Fel arfer o'r Haul

2) Cloroffyl

Y sylwedd gwyrdd a geir mewn cloroplastau ac sy'n gwneud i ddail edrych yn wyrdd.

Dyma'r peth "hud" sy'n gwneud i'r cyfan ddigwydd. Mae cloroffyl yn amsugno'r egni yng ngolau'r haul ac yn ei ddefnyddio i gyfuno'r CO_2 â dŵr i gynhyrchu glwcos. Sgil gynnyrch yw ocsigen.

3) Carbon deuocsid

Yn mynd i mewn i'r ddeilen o'r aer o'i amgylch.

4) Dŵr

Yn dod o'r pridd, i fyny'r coesyn ac i mewn i'r ddeilen.

Dysgwch ...

Rhaid dysgu'r cyfan ar y dudalen hon. Mae'n sicr y cewch gwestiwn ar ffotosynthesis yn yr arholiad. Ar y dudalen hon mae dau ddiagram, dau bwynt ynglŷn â ffotosynthesis a'r hafaliad, a hefyd y pedwar amod angenrheidiol. Dysgwch nhw ac ailddysgwch nhw nes y gallwch guddio'r dudalen ac ysgrifennu'r cyfan o'ch cof.

Ffotosynthesis a Resbiradaeth

Mae Ffotosynthesis a Resbiradaeth yn Brosesau Cyferbyniol:

Mae angen i chi sylweddoli y cysylltiad agos sydd rhwng ffotosynthesis a resbiradaeth.

Mae Ffotosynthesis mewn Planhigion yn darparu'r bwyd ar gyfer popeth byw.

1) Cofiwch fod ffotosynthesis mewn planhigion yn darparu'r bwyd ar gyfer pob anifail.
2) Mae planhigion yn dal egni'r Haul ac yn ei droi'n glwcos, sydd yn y bôn yn egni cemegol wedi'i storio.
3) Yna mae anifeiliaid ar hyd y gadwyn fwyd yn defnyddio'r egni hwnnw mewn resbiradaeth i fyw a thyfu. Felly, heb blanhigion byddai pob anifail yn marw.

Mae Resbiradaeth yn defnyddio'r Ocsigen a Glwcos a gafodd ei gynhyrchu gan Ffotosynthesis

1) Mae resbiradaeth yn defnyddio ocsigen a glwcos ac yn eu troi'n ôl yn garbon deuocsid a dŵr.
2) Mae anifeiliaid a phlanhigion yn resbiradu trwy'r amser.
   Resbiradaeth yw'r hyn sydd yn darparu'r holl egni ar gyfer bywyd.
   Mae angen egni er mwyn i'r saith nodwedd o fywyd allu digwydd, a resbiradaeth sydd yn darparu'r egni hwn.
3) Ar y Ddaear mae gennym lawer o blanhigion yn gwneud llawer o ffotosynthesis sy'n defnyddio carbon deuocsid ac yn cynhyrchu ocsigen a glwcos.
4) Ar yr un pryd mae yn lawer o blanhigion ac anifeiliaid yn resbiradu ac yn defnyddio ocsigen ac yn cynhyrchu carbon deuocsid.

Mae'r Hafaliadau yr un fath ond yn groes i'w gilydd:

Yr Hafaliad ar gyfer ffotosynthesis

CARBON DEUOCSID + DŴR → GLWCOS + OCSIGEN

Angen Egni (Golau Haul)

Mewn ffotosynthesis, mae egni o'r haul yn cael ei ddefnyddio i gyfuno carbon deuocsid a dŵr i gynhyrchu glwcos (ac ocsigen yn sgil gynnyrch). Mae'r broses hon yn cymryd egni i mewn ac yn ei storio.

Yr Hafaliad ar gyfer Resbiradaeth

GLWCOS + OCSIGEN → CARBON DEUOCSID + DŴR

Rhyddhau (Egni)

Mewn resbiradaeth, mae egni yn cael ei ryddhau. Daeth yr egni hwn yn wreiddiol o'r haul. Cafodd ei storio gan y planhigyn wrth iddo wneud ffotosynthesis. Dyma pryd y cafodd y glwcos ei gynhyrchu yn y lle cyntaf.

Ffotosynthesis – ble fyddem ni hebddo ...

Mae angen i chi sylweddoli mai ffotosynthesis sydd yn darparu yr holl fwyd ac ocsigen ar gyfer popeth byw. Mae resbiradaeth yn broses i'r gwrthwyneb, sydd yn defnyddio'r bwyd a'r ocsigen. Dysgwch y dudalen hon i gyd, gan gynnwys y ddau hafaliad, yna cuddiwch y dudalen a cheisiwch ysgrifennu'r cyfan i lawr. Daliwch ati i ymarfer tan i chi gofio'r ffeithiau i gyd. Mwynhewch.

Ffotosynthesis a Resbiradaeth

Planhigion Caeëdig: monitro O_2 a CO_2 dros gylchredau 24 awr

1) Mewn <u>golau dydd</u> (neu unrhyw olau arall) mae planhigion yn cyflawni <u>ffotosynthesis</u> ac yn cynhyrchu <u>ocsigen</u> (a glwcos).

2) Ond mae <u>planhigion ac anifeiliaid</u> yn cyflawni <u>resbiradaeth</u> drwy'r amser, ddydd a nos, gan ddefnyddio'r ocsigen a <u>rhyddhau</u> carbon deuocsid.

3) Gellir gwneud <u>arbrawf</u> lled ddiddorol i ddangos hyn yn digwydd:

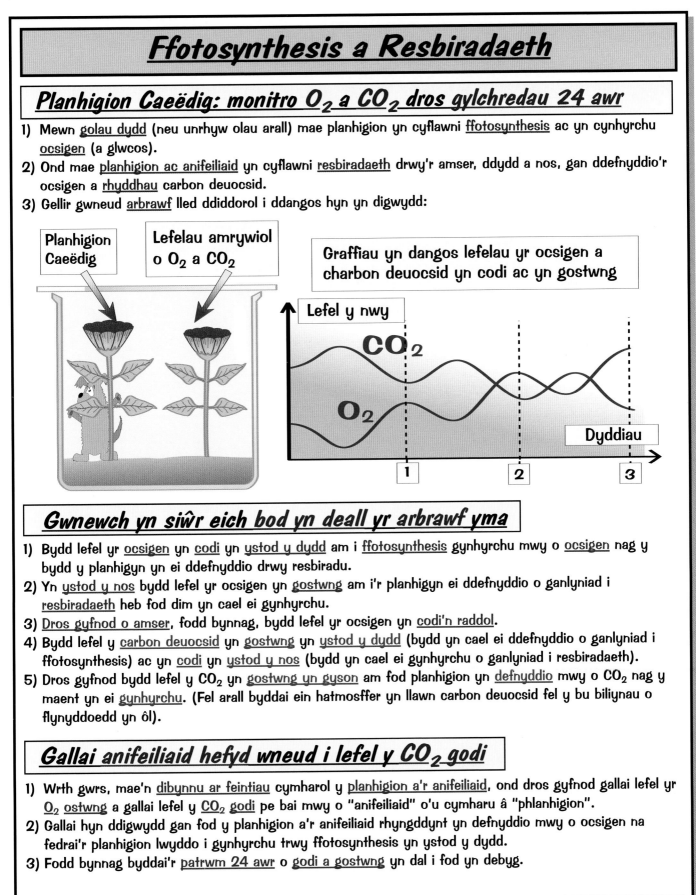

Planhigion Caeëdig

Lefelau amrywiol o O_2 a CO_2

Graffiau yn dangos lefelau yr ocsigen a charbon deuocsid yn codi ac yn gostwng

Lefel y nwy

CO_2

O_2

Dyddiau

1   2   3

Gwnewch yn siŵr eich bod yn deall yr arbrawf yma

1) Bydd lefel yr <u>ocsigen</u> yn <u>codi</u> yn <u>ystod y dydd</u> am i <u>ffotosynthesis</u> gynhyrchu mwy o <u>ocsigen</u> nag y bydd y planhigyn yn ei ddefnyddio drwy resbiradu.

2) Yn <u>ystod y nos</u> bydd lefel yr ocsigen yn <u>gostwng</u> am i'r planhigyn ei ddefnyddio o ganlyniad i <u>resbiradaeth</u> heb fod dim yn cael ei gynhyrchu.

3) <u>Dros gyfnod o amser</u>, fodd bynnag, bydd lefel yr ocsigen yn <u>codi'n raddol</u>.

4) Bydd lefel y <u>carbon deuocsid</u> yn <u>gostwng</u> yn <u>ystod y dydd</u> (bydd yn cael ei ddefnyddio o ganlyniad i ffotosynthesis) ac yn <u>codi</u> yn <u>ystod y nos</u> (bydd yn cael ei gynhyrchu o ganlyniad i resbiradaeth).

5) Dros gyfnod bydd lefel y CO_2 yn <u>gostwng yn gyson</u> am fod planhigion yn <u>defnyddio</u> mwy o CO_2 nag y maent yn ei <u>gynhyrchu</u>. (Fel arall byddai ein hatmosffer yn llawn carbon deuocsid fel y bu biliynau o flynyddoedd yn ôl).

Gallai anifeiliaid hefyd wneud i lefel y CO_2 godi

1) Wrth gwrs, mae'n <u>dibynnu ar feintiau</u> cymharol y <u>planhigion a'r anifeiliaid</u>, ond dros gyfnod gallai lefel yr O_2 <u>ostwng</u> a gallai lefel y CO_2 <u>godi</u> pe bai mwy o "anifeiliaid" o'u cymharu â "phlanhigion".

2) Gallai hyn ddigwydd gan fod y planhigion a'r anifeiliaid rhyngddynt yn defnyddio mwy o ocsigen na fedrai'r planhigion lwyddo i gynhyrchu trwy ffotosynthesis yn ystod y dydd.

3) Fodd bynnag byddai'r <u>patrwm 24 awr</u> o <u>godi a gostwng</u> yn dal i fod yn debyg.

Sut mae dysgu hyn i gyd?...

Dysgwch sut mae lefelau'r ocsigen a'r carbon deuocsid yn amrywio dros gyfnodau o 24 awr neu fwy ar gyfer planhigyn caeëdig gydag anifail neu heb anifail i mewn yno gydag ef. Gwnewch yn siŵr eich bod yn cofio pa un sydd yn codi yn ystod y nos a pha un sydd yn codi yn ystod y dydd. Yna, <u>cuddiwch y dudalen</u> a cheisiwch <u>ysgrifennu'r cyfan i lawr</u>. Nid yw mor anodd a hynny.

Newid Cyfradd Ffotosynthesis

Mae Tair Ffactor yn Effeithio ar Gyfradd Ffotosynthesis

Mae cyfradd ffotosynthesis yn cael ei effeithio gan y tair ffactor hyn:

1) GOLAU

Mae cloroffyl yn defnyddio egni golau i gyflawni ffotosynthesis. Dim ond mor gyflym ag y daw'r egni golau i'r amlwg y gall hyn ddigwydd.

2) CARBON DEUOCSID

CO_2 a dŵr yw'r defnyddiau crai. Dydy dŵr byth yn brin mewn planhigion, ond dim ond 0.03% o'r aer oddi amgylch sy'n CO_2, felly mae'n weddol brin o safbwynt planhigion.

3) Y TYMHEREDD

Mae cloroffyl yn debyg i ensym, felly mae'n gweithio orau pan fydd hi'n gynnes ond nid yn rhy boeth. Bydd cyfradd ffotosynthesis yn dibynnu ar ba mor "hapus" y mae'r cloroffyl : cynnes ond nid yn rhy boeth.

Po Fwyaf yw'r Tair Ffactor hyn, y Cyflymaf y bydd y Planhigyn yn tyfu

Cofiwch, mae'n rhaid i blanhigyn gyflawni ffotosynthesis er mwyn gwneud glwcos i'w alluogi i dyfu. Er mwyn cael y gyfradd ffotosynthesis orau (a thwf) mae angen sicrhau bod:

1) Digon o garbon deuocsid
2) Digon o olau
3) Tymheredd digon uchel

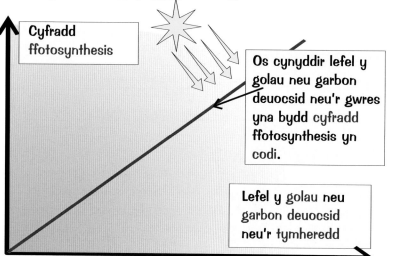

Cyfradd ffotosynthesis

Os cynyddir lefel y golau neu garbon deuocsid neu'r gwres yna bydd cyfradd ffotosynthesis yn codi.

Lefel y golau neu garbon deuocsid neu'r tymheredd

Mewn gwledydd trofannol mae ganddynt lawer o wres a golau, sy'n esbonio pam mae coedwigoedd trofannol yn tyfu mor gyflym.
Yn y wlad hon mae gennym ddigon o wres a golau yn yr haf. Yn y gaeaf mae hi'n rhy oer ar gyfer ffotosynthesis, ac felly nid yw planhigion yn tyfu'n fwy yn y gaeaf. Maent yn goroesi tan y gwanwyn ac yna yn dechrau tyfu unwaith eto.

Gall y tymheredd fod yn rhy uchel os na fyddwch yn ofalus

1) Ni allwch mewn gwirionedd gael gormod o olau neu garbon deuocsid.
2) Rhaid i'r tymheredd, fodd bynnag, beidio â mynd yn rhy uchel neu bydd hynny'n dinistrio ensymau'r cloroffyl. Digwydd hyn pan fydd y tymheredd tua 45°C.
   Mae hyn yn boeth iawn ar gyfer yr awyr agored, ond gall tai gwydr fynd mor boeth â hynny os na fyddwch yn ofalus.
3) Er hynny, fel arfer, y tymheredd sydd yn rhy isel, ac mae angen cynhesu pethau ryw ychydig er mwyn cyflawni ffotosynthesis yn gyflymach.

Adolygu – dydy bywyd ddim yn hwyl a heulwen drwy'r amser ...

Mae tair ffactor sy'n effeithio ar ba mor gyflym y gall planhigion gyflawni ffotosynthesis, sydd felly yn effeithio ar ba mor gyflym y gallant dyfu. Cuddiwch y dudalen a cheisiwch ymarfer cofio'r holl fanylion hyn nes i chi lwyddo.

Sut mae Planhigion yn Defnyddio'r Glwcos

1) Mae planhigion yn cynhyrchu glwcos yn eu dail.
2) Yna, i ddechrau, defnyddiant ychydig o'r glwcos ar gyfer resbiradaeth.
3) Mae hyn yn rhyddhau egni sy'n eu galluogi i drawsnewid gweddill y glwcos yn sylweddau defnyddiol eraill y gallant eu defnyddio i adeiladu celloedd newydd a thyfu.
4) I gynhyrchu rhai o'r sylweddau hyn rhaid iddynt hefyd gasglu ychydig o fwynau o'r pridd.

Ar Gyfer Resbiradaeth ①

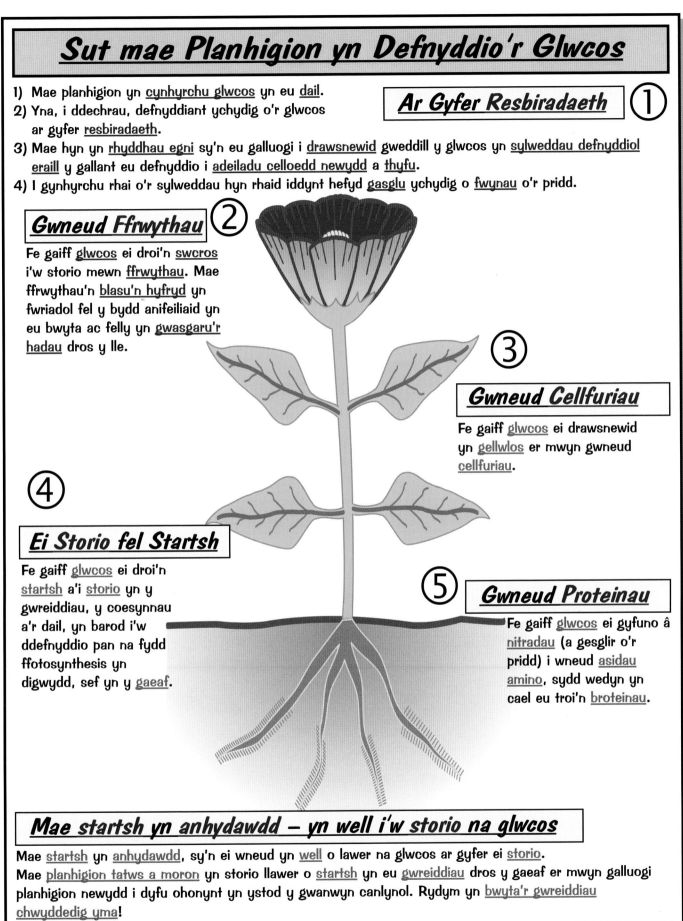

Gwneud Ffrwythau ②

Fe gaiff glwcos ei droi'n swcros i'w storio mewn ffrwythau. Mae ffrwythau'n blasu'n hyfryd yn fwriadol fel y bydd anifeiliaid yn eu bwyta ac felly yn gwasgaru'r hadau dros y lle.

③

Gwneud Cellfuriau

Fe gaiff glwcos ei drawsnewid yn gellwlos er mwyn gwneud cellfuriau.

④

Ei Storio fel Startsh

Fe gaiff glwcos ei droi'n startsh a'i storio yn y gwreiddiau, y coesynnau a'r dail, yn barod i'w ddefnyddio pan na fydd ffotosynthesis yn digwydd, sef yn y gaeaf.

⑤ ### Gwneud Proteinau

Fe gaiff glwcos ei gyfuno â nitradau (a gesglir o'r pridd) i wneud asidau amino, sydd wedyn yn cael eu troi'n broteinau.

Mae startsh yn anhydawdd – yn well i'w storio na glwcos

Mae startsh yn anhydawdd, sy'n ei wneud yn well o lawer na glwcos ar gyfer ei storio.
Mae planhigion tatws a moron yn storio llawer o startsh yn eu gwreiddiau dros y gaeaf er mwyn galluogi planhigion newydd i dyfu ohonynt yn ystod y gwanwyn canlynol. Rydym yn bwyta'r gwreiddiau chwyddedig yma!

Siwgr i felysu'r gwaith ...

Mae planhigion yn gwneud pum peth â glwcos. Dysgwch nhw, cuddiwch y dudalen a dangoswch yr hyn a wyddoch. Hynny yw, brasluniwch y diagram ac ysgrifennwch y pum ffordd y mae planhigion yn defnyddio glwcos, gan gynnwys yr holl fanylion ychwanegol.

Mewnlifiad Dŵr a Mwynau Hanfodol

Profi Mewnlifiad Dŵr â Photomedr

1) Mae'r arbrawf hwn yn <u>profi cyfradd mewnlifiad dŵr</u> gan blanhigyn mewn <u>amodau atmosfferig</u> gwahanol.

2) Wrth i ddŵr <u>anweddu</u> o'r dail, mae'n ei <u>dynnu i fyny</u>'r coesyn ac mae'r <u>swigen</u> yn symud ar hyd y tiwb.

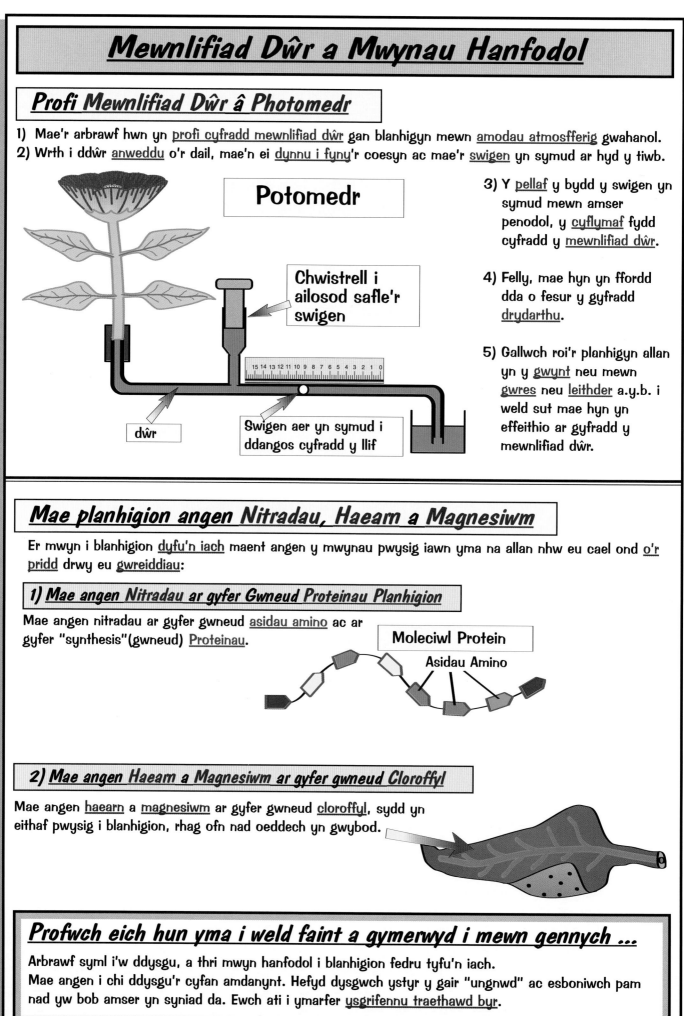

Potomedr

Chwistrell i ailosod safle'r swigen

15 14 13 12 11 10 9 8 7 6 5 4 3 2 1 0

dŵr

Swigen aer yn symud i ddangos cyfradd y llif

3) Y <u>pellaf</u> y bydd y swigen yn symud mewn amser penodol, y <u>cyflymaf</u> fydd cyfradd y <u>mewnlifiad dŵr</u>.

4) Felly, mae hyn yn ffordd dda o fesur y gyfradd <u>drydarthu</u>.

5) Gallwch roi'r planhigyn allan yn y <u>gwynt</u> neu mewn <u>gwres</u> neu <u>leithder</u> a.y.b. i weld sut mae hyn yn effeithio ar gyfradd y mewnlifiad dŵr.

Mae planhigion angen Nitradau, Haearn a Magnesiwm

Er mwyn i blanhigion <u>dyfu'n iach</u> maent angen y mwynau pwysig iawn yma na allan nhw eu cael ond <u>o'r pridd</u> drwy eu <u>gwreiddiau</u>:

1) Mae angen Nitradau ar gyfer Gwneud Proteinau Planhigion

Mae angen nitradau ar gyfer gwneud <u>asidau amino</u> ac ar gyfer "synthesis"(gwneud) <u>Proteinau</u>.

Moleciwl Protein

Asidau Amino

2) Mae angen Haearn a Magnesiwm ar gyfer gwneud Cloroffyl

Mae angen <u>haearn</u> a <u>magnesiwm</u> ar gyfer gwneud <u>cloroffyl</u>, sydd yn eithaf pwysig i blanhigion, rhag ofn nad oeddech yn gwybod.

Profwch eich hun yma i weld faint a gymerwyd i mewn gennych ...

Arbrawf syml i'w ddysgu, a thri mwyn hanfodol i blanhigion fedru tyfu'n iach.
Mae angen i chi ddysgu'r cyfan amdanynt. Hefyd dysgwch ystyr y gair "ungnwd" ac esboniwch pam nad yw bob amser yn syniad da. Ewch ati i ymarfer <u>ysgrifennu traethawd byr</u>.

Hormonau Twf mewn Planhigion

Hormonau Twf Planhigion yw Awcsinau

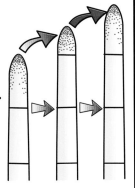

1) <u>Hormonau</u> sy'n <u>rheoli</u> twf ym mlaenau'r cyffion a'r gwreiddiau yw <u>awcsinau</u>.
2) Cynhyrchir <u>awcsin</u> yn y <u>blaenau</u> ac mae'n tryledu'n ôl i symbylu'r broses <u>hwyhau</u> celloedd sy'n digwydd yn y celloedd sydd yn union y tu ôl i flaenau'r cyffion.
3) Os <u>ceir gwared</u> â blaen cyffyn, ni fydd awcsin ar gael a gallai'r cyffyn <u>beidio â thyfu</u>.
4) Mae blaenau'r cyffion hefyd yn cynhyrchu sylweddau sy'n <u>atal</u> twf <u>cyffion ochr</u>. Os ceir gwared â'r <u>blaenau</u> gall hynny arwain at lawer o <u>gyffion ochr</u> am nad yw'r sylwedd atal yno bellach. Felly, mae tocio perthi'n hybu <u>perthi trwchus</u> am ei fod yn cynhyrchu llawer o gyffion ochr.

Mae Awcsinau'n Newid Cyfeiriad Twf Gwreiddiau a Chyffion

Fe sylwch isod fod mwy o awcsin yn <u>hybu</u> twf yn y <u>cyffyn</u> ond yn <u>atal</u> twf yn y <u>gwreiddyn</u> – ond sylwch hefyd fod hyn yn creu'r canlyniad a ddymunir yn y ddau achos.

1) Mae cyffion yn plygu tuag at y golau

1) Pan roddir blaen cyffyn mewn <u>golau</u>, mae'n darparu <u>mwy o awcsin</u> ar yr ochr sydd yn y <u>cysgod</u> nag ar yr ochr sydd yn y golau.
2) Mae hyn yn achosi i'r cyffyn dyfu'n <u>gyflymach</u> ar yr <u>ochr gysgodol</u> ac mae'n plygu <u>tuag at</u> y golau.

2) Mae cyffion yn plygu i ffwrdd o ddisgyrchiant

1) Pan fydd cyffyn yn tyfu <u>i'r ochr</u>, bydd disgyrchiant yn creu dosraniad anghyfartal o awcsin yn y blaen, gyda mwy o awcsin ar yr <u>ochr isaf</u>.
2) Bydd hyn yn achosi i'r ochr isaf dyfu'n <u>gyflymach</u>, ac felly yn plygu'r cyffyn i fyny.

disgyrchiant   disgyrchiant

3) Mae gwreiddiau'n plygu tuag at ddisgyrchiant

disgyrchiant   disgyrchiant

1) Bydd gwreiddyn sy'n tyfu <u>i'r ochr</u> yn profi'r un ailddosraniad o awcsin i'r <u>ochr isaf</u>.
2) Ond mewn gwreiddyn bydd yr awcsin ychwanegol yn <u>atal</u> twf, gan achosi iddo dyfu <u>i lawr</u>.

4) Mae gwreiddiau'n plygu tuag at leithder

lleithder   lleithder

1) Bydd graddau anghyfartal o leithder ar y ddwy ochr i'r gwreiddyn yn achosi i <u>fwy o awcsin</u> ymddangos ar yr ochr sydd â <u>mwy o leithder</u>.
2) Bydd hyn yn <u>atal</u> twf ar yr ochr honno, gan achosi i'r gwreiddyn dyfu i'r cyfeiriad hwnnw, <u>tuag at</u> y lleithder.

I'ch Cadw ar y Blaen gyda'ch Adolygu ...

Tudalen hawdd ei dysgu. Pedwar pwynt ynglŷn ag awcsinau, ynghyd â diagram, ac yna pedair ffordd y bydd cyffion a gwreiddiau'n newid cyfeiriad, gyda diagram ar gyfer pob un. <u>Dysgwch y cyfan</u>, <u>cuddiwch y dudalen</u> ac <u>ysgrifennwch</u> y prif bwyntiau <u>o'ch cof</u>. Gwnewch hyn eto, ac eto...

Defnyddio Hormonau Planhigion at Ddibenion Masnachol

Gellir defnyddio hormonau planhigion mewn sawl ffordd yn y busnes tyfu bwyd.

1) Cynhyrchu Ffrwythau Di-had

1) Fel rheol nid yw ffrwythau'n tyfu ond ar blanhigion sydd wedi'u peillio gan bryfed gyda'r hadau anochel yng nghanol y ffrwyth. Os na chaiff y planhigyn ei beillio, dydy'r ffrwythau a'r hadau ddim yn tyfu.

2) Fodd bynnag, os rhoddir hormonau twf i flodau sydd heb eu peillio, bydd y ffrwythau'n tyfu ond ni fydd yr hadau'n tyfu!

3) Campus! Mae satswmas di-had a grawnwin di-had yn fwy blasus o lawer na rhai 'naturiol' sy'n llawn hadau!

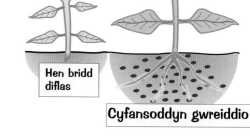

Hmmph!

Blodyn heb ei beillio

Gwenynen ddiangen

Grawnwin di-had gwych

2) Rheoli Ffrwythau'n Aeddfedu

1) Gellir rheoli ffrwythau'n aeddfedu naill ai tra byddant yn dal ar y planhigyn neu tra byddant yn cael eu cludo i'r siopau.

2) Mae hyn yn caniatáu i'r ffrwyth gael ei gasglu tra bydd yn anaeddfed (ac felly yn fwy cadarn ac yn llai tebygol o gael niwed).

3) Yna gellir ei chwistrellu â hormon aeddfedu ac fe fydd yn aeddfedu ar y ffordd i'r uwchfarchnadoedd er mwyn iddo fod yn berffaith pan fydd yn cyrraedd y silffoedd.

3) Tyfu o Doriadau â Chyfansoddyn Gwreiddio

1) Rhan o blanhigyn a dorrwyd oddi arno yw toriad, sef pen cangen gydag ychydig o ddail arno.

2) Fel arfer, os rhoddir toriadau yn y pridd ni wnânt dyfu. Ond os ychwanegir cyfansoddyn gwreiddio, sy'n hormon twf mewn planhigion, byddan nhw'n cynhyrchu gwreiddiau'n gyflym ac yn dechrau tyfu yn blanhigion newydd.

3) Mae hyn yn galluogi i dyfwyr gynhyrchu llawer o glonau (union gopïau) o blanhigyn da iawn yn fuan iawn.

Hen bridd diflas

Cyfansoddyn gwreiddio

4) Lladd Chwyn

1) Mae'r rhan fwyaf o chwyn sy'n tyfu mewn caeau cnydau neu mewn lawnt yn llydanddail, yn wahanol i laswellt sydd â dail cul iawn.

2) Mae chwynladdwyr detholus wedi'u datblygu o hormonau twf planhigion sy'n effeithio ar y planhigion llydanddail yn unig.

3) Maent yn tarfu'n llwyr ar eu patrymau twf normal, sydd yn fuan yn eu lladd, ond heb amharu ar y glaswellt.

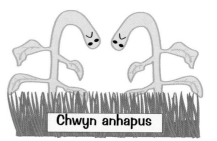

Chwyn anhapus

Cofiwch, bydd dysgu o ddifrif yn dwyn ffrwyth ...

Tudalen hawdd arall. Cofiwch ddysgu digon am bob rhan i ateb cwestiwn â 3 marc amdano yn yr Arholiad (h.y. medru gwneud tri phwynt dilys). Mae'r adrannau wedi'u rhannu'n bwyntiau wedi'u rhifo i'ch helpu i'w cofio. Mae tri phwynt ym mhob adran. Dysgwch nhw, cuddiwch y dudalen ac ysgrifennwch y 3 phwynt ar gyfer pob un. Os na fedrwch wneud hyn yn awr, sut y gwnewch chi ei gofio yn yr Arholiad?

Crynodeb Adolygu Adran Dau

Er mai adran gymharol fer yw hon, mae dal angen i chi ei dysgu. Gallwch ei dysgu yn llawer haws os gwnewch ddefnydd da o'r lluniau — mae rhain yn llawer haws eu cofio na rhestr ar ôl rhestr o ffeithiau. Ar ôl i chi ddysgu'r lluniau, ceisiwch ysgrifennu'r wybodaeth ychwanegol mae'n rhaid i chi ei chofio arnynt. Cyn hir fe sylweddolwch fod gwneud diagram syml yn dod a'r ffeithiau yn ôl i'ch cof. Dylech ymarfer ateb y cwestiynau dro ar ôl tro nes y gallwch fynd trwyddynt yn hawdd.

1) Brasluniwch blanhigyn nodweddiadol a labelwch y 5 rhan bwysig. Eglurwch yr hyn a wna pob rhan.

2) Brasluniwch drawsdoriad o ddeilen gyda saith label. Beth yw pwrpas y ddeilen?

3) Ysgrifennwch 5 manylyn am adeiledd deilen mewn perthynas â'r hyn y mae deilen yn ei wneud.

4) Eglurwch yr hyn a wna stomata a sut y gwnânt hyn.

5) Beth yw trydarthiad? Beth sy'n ei achosi? Pa fanteision sydd iddo?

6) Beth yw'r pedair ffactor sy'n effeithio ar gyfradd trydarthiad?

7) Beth yw gwasgedd chwydd-dyndra? Beth sy'n ei achosi? Sut mae'n ddefnyddiol i blanhigion?

8) Beth yw'r ddau fath o diwbiau mewn planhigion? Ble mae'r rhain mewn planhigion?

9) Rhestrwch dair nodwedd ar gyfer y ddau fath o diwbiau a brasluniwch y ddau.

10) Brasluniwch wreiddyn a nodwch yr hyn sy'n digwydd yn y tiwbiau y tu mewn iddo.

11) Beth a wna ffotosynthesis? Ble y gwna hyn?

12) Ysgrifennwch yr hafaliad geiriau ar gyfer ffotosynthesis.

13) Brasluniwch ddeilen a dangoswch y pedwar peth sy'n angenrheidiol ar gyfer ffotosynthesis.

14) Beth yw'r tair ffactor sy'n effeithio ar gyfradd ffotosynthesis?

15) Disgrifiwch amodau lle mae pob un o'r tair ffactor yn brin.

16) Beth yw'r perthynas rhwng ffotosynthesis a resbiradaeth?

17) Ysgrifennwch y ddau hafaliad, a nodwch i ba gyfeiriad y bydd egni'n mynd ym mhob un.

18) Disgrifiwch arbrawf i ddangos y cydadwaith rhwng ffotosynthesis a resbiradaeth. Brasluniwch y graffiau ac eglurwch eu siâp. Beth yw'r effaith ar anifeiliaid?

19) Brasluniwch blanhigyn a labelwch y pum ffordd y mae planhigion yn defnyddio glwcos.

20) Rhowch fanylion ychwanegol am bob un o'r pum defnydd.

21) Rhestrwch y tri phrif fwyn sy'n angenrheidiol i blanhigion dyfu'n iach a'u pwrpas.

22) Beth yw awcsinau? Ble y cynhyrchir awcsinau? Beth fyddai'n digwydd pe baech yn torri blaen cyffyn?

23) Rhowch fanylion llawn am y pedair ffordd y mae awcsinau'n effeithio ar wreiddiau a chyffion.

24) Rhestrwch bedwar defnydd masnachol hormonau planhigion. Sut y gwneir grawnwin di-had?

25) Eglurwch ddiben cyfansoddyn gwreiddio. Sut mae chwynladdwyr hormonaidd yn gweithio?

Y System Dreulio

Rydych yn siŵr o gael cwestiwn ar hyn yn eich Arholiad. Felly cymerwch amser i ddysgu'r diagram pwysig hwn – a'r geiriau hefyd.

Deg rhan o'ch System Dreulio i'w Dysgu

Tafod

Ceg

Mae'n <u>cnoi'r bwyd</u> a'i droi i mewn i belen sy'n hawdd ei llyncu.

Chwarennau Poer

Mae'r rhain yn cynhyrchu <u>ensym</u> o'r enw <u>amylas</u> i gychwyn torri startsh i lawr.

Stumog

1) Mae'n <u>corddi'r bwyd</u> â'i muriau cyhyrol.
2) Mae'n cynhyrchu'r ensymau <u>proteas</u>.
3) Mae'n cynhyrchu <u>asid hydroclorig</u> am ddau reswm:
   a) I <u>ladd bacteria</u>
   b) I roi'r <u>pH cywir</u> er mwyn i'r ensym <u>proteas</u> weithio (pH2 - asidig).

Oesoffagws

Y bibell fwyd sy'n cario bwyd o'r geg i'r stumog

Afu/Iau

Pancreas

Mae'n cynhyrchu'r tri ensym: <u>amylas</u>, <u>lipas</u> a <u>phroteas</u>.

Coden y Bustl

Coluddyn Bach

1) Mae'n cynhyrchu'r ddau ensym: <u>proteas</u> ac <u>amylas</u>.
2) Yma hefyd y caiff y "bwyd" ei amsugno i'r <u>gwaed</u>.
3) Mae'n <u>hir</u> ac wedi'i <u>blygu</u> i gynyddu'r arwynebedd arwyneb. Mae'r arwyneb mewnol wedi'i orchuddio â phethau tebyg i fysedd a elwir yn <u>filysau</u> i <u>gynyddu'r arwynebedd arwyneb</u> ymhellach.

Coluddyn Mawr

Lle y caiff y <u>dŵr sydd dros ben ei amsugno</u> o'r bwyd.

Anws

Lle mae'r <u>ymgarthion</u> (sy'n cynnwys bwyd na allwn ei dreulio gan fwyaf) yn ffarwelio â'r corff.

Treuliwch amser yn dysgu'r diagram cyfan ...

Un peth <u>na</u> fydd gofyn i chi ei wneud yn yr Arholiad yw llunio'r diagram cyfan. Ond maen nhw'n <u>siŵr</u> o ofyn i chi am <u>rannau</u> penodol ohono, e.e. "Ble mae'r afu?" neu "Beth mae'r pancreas yn ei gynhyrchu?" neu "Beth yw swyddogaeth y coluddyn bach?" Felly, bydd yn rhaid i chi ei <u>ddysgu</u> i gyd, hynny yw gallu <u>cuddio'r dudalen</u> a llunio'r diagram <u>ynghyd â'r geiriau</u>. Os gallwch chi lunio'r cyfan <u>o'ch cof</u>, yna byddwch chi wedi'i ddysgu.

Ensymau Treulio

Dim ond <u>tri</u> phrif ensym treulio sydd. Rhaid dysgu eu henwau rhyfedd a'r enwau rhyfedd sydd gan eu "cynhyrchion treulio". Dyna yw Bioleg!

Mae Ensymau'n torri Moleciwlau Mawr i lawr yn Foleciwlau Bach

1) Mae <u>startsh</u>, <u>proteinau</u> a <u>brasterau</u>'n foleciwlau <u>mawr</u> na allant fynd drwy'r cellbilenni i'r gwaed.
2) Mae <u>siwgrau</u>, <u>asidau amino</u> ac <u>asidau brasterog/glyserol</u> yn foleciwlau <u>llai o lawer</u> a all symud i'r gwaed yn hawdd.
3) Mae <u>ensymau</u>'n gweithredu fel <u>catalyddion</u> i dorri'r <u>moleciwlau mawr</u> i lawr yn <u>foleciwlau llai</u>.

1) Mae Carbohydras yn Trawsnewid Startsh yn Siwgrau Syml

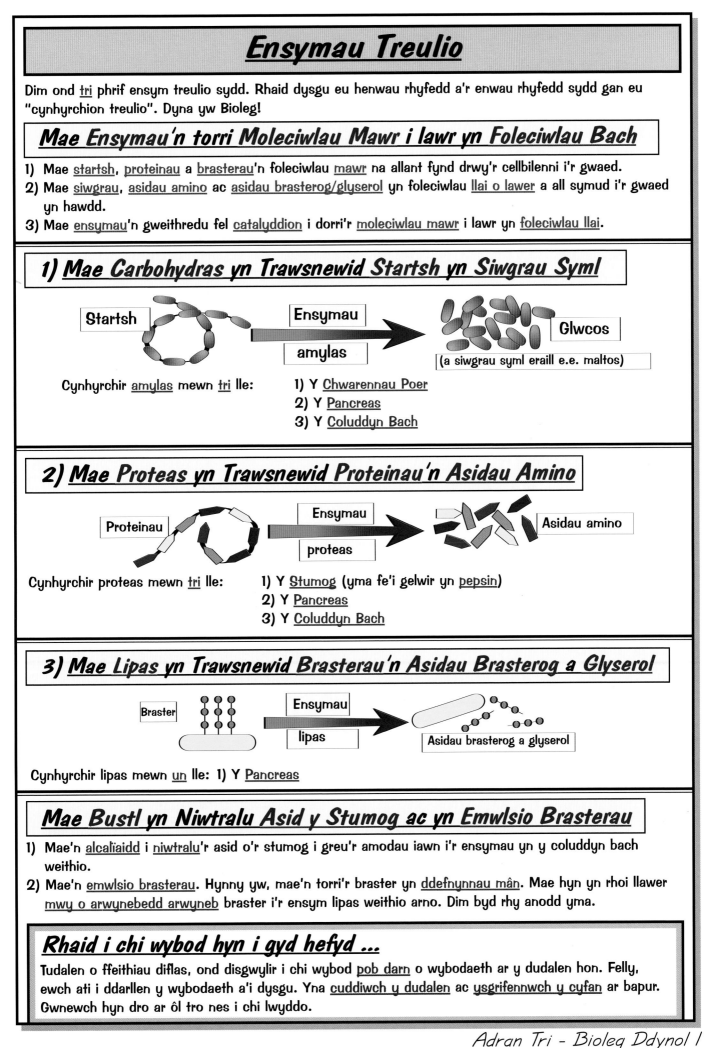

Startsh → **Ensymau amylas** → **Glwcos** (a siwgrau syml eraill e.e. maltos)

Cynhyrchir <u>amylas</u> mewn <u>tri</u> lle:
1) Y <u>Chwarennau Poer</u>
2) Y <u>Pancreas</u>
3) Y <u>Coluddyn Bach</u>

2) Mae Proteas yn Trawsnewid Proteinau'n Asidau Amino

Proteinau → **Ensymau proteas** → **Asidau amino**

Cynhyrchir proteas mewn <u>tri</u> lle:
1) Y <u>Stumog</u> (yma fe'i gelwir yn <u>pepsin</u>)
2) Y <u>Pancreas</u>
3) Y <u>Coluddyn Bach</u>

3) Mae Lipas yn Trawsnewid Brasterau'n Asidau Brasterog a Glyserol

Braster → **Ensymau lipas** → **Asidau brasterog a glyserol**

Cynhyrchir lipas mewn <u>un</u> lle: 1) Y <u>Pancreas</u>

Mae Bustl yn Niwtralu Asid y Stumog ac yn Emwlsio Brasterau

1) Mae'n <u>alcaliaidd</u> i <u>niwtralu</u>'r asid o'r stumog i greu'r amodau iawn i'r ensymau yn y coluddyn bach weithio.
2) Mae'n <u>emwlsio brasterau</u>. Hynny yw, mae'n torri'r braster yn <u>ddefnynnau mân</u>. Mae hyn yn rhoi llawer <u>mwy o arwynebedd arwyneb</u> braster i'r ensym lipas weithio arno. Dim byd rhy anodd yma.

Rhaid i chi wybod hyn i gyd hefyd ...

Tudalen o ffeithiau diflas, ond disgwylir i chi wybod <u>pob darn</u> o wybodaeth ar y dudalen hon. Felly, ewch ati i ddarllen y wybodaeth a'i dysgu. Yna <u>cuddiwch y dudalen</u> ac <u>ysgrifennwch y cyfan</u> ar bapur. Gwnewch hyn dro ar ôl tro nes i chi lwyddo.

Meinwe Cyhyrol a Chwarennol

Dyma <u>ddwy nodwedd ychwanegol</u> o'r system dreulio y dylech wybod amdanynt:

Bob cam o'r ffordd mae Meinwe Cyhyrol a Chwarennol

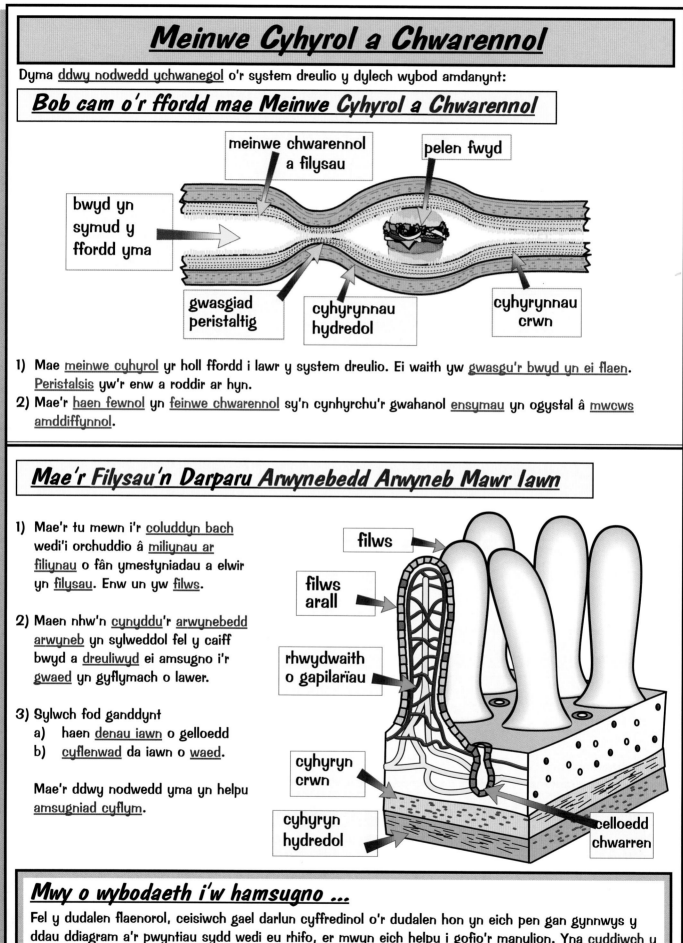

1) Mae <u>meinwe cyhyrol</u> yr holl ffordd i lawr y system dreulio. Ei waith yw <u>gwasgu'r bwyd yn ei flaen</u>. <u>Peristalsis</u> yw'r enw a roddir ar hyn.

2) Mae'r <u>haen fewnol</u> yn <u>feinwe chwarennol</u> sy'n cynhyrchu'r gwahanol <u>ensymau</u> yn ogystal â <u>mwcws amddiffynnol</u>.

Mae'r Filysau'n Darparu Arwynebedd Arwyneb Mawr Iawn

1) Mae'r tu mewn i'r <u>coluddyn bach</u> wedi'i orchuddio â <u>miliynau ar filiynau</u> o fân ymestyniadau a elwir yn <u>filysau</u>. Enw un yw <u>filws</u>.

2) Maen nhw'n <u>cynyddu'r arwynebedd arwyneb</u> yn sylweddol fel y caiff bwyd a <u>dreuliwyd</u> ei amsugno i'r <u>gwaed</u> yn gyflymach o lawer.

3) Sylwch fod ganddynt
   a) haen <u>denau iawn</u> o gelloedd
   b) <u>cyflenwad</u> da iawn o <u>waed</u>.

   Mae'r ddwy nodwedd yma yn helpu <u>amsugniad cyflym</u>.

Mwy o wybodaeth i'w hamsugno ...

Fel y dudalen flaenorol, ceisiwch gael darlun cyffredinol o'r dudalen hon yn eich pen gan gynnwys y ddau ddiagram a'r pwyntiau sydd wedi eu rhifo, er mwyn eich helpu i gofio'r manylion. Yna <u>cuddiwch y dudalen</u> a cheisiwch <u>ysgrifennu'r holl fanylion i lawr</u>. Bydd o help i chi gofio bod dau bwynt pwysig ar gyfer darn uchaf y dudalen a thri phwynt pwysig ar gyfer rhan isaf y dudalen. <u>Dysgwch, ysgrifennwch, gwiriwch, ailddysgwch, ysgrifennwch...</u>

Trylediad Moleciwlau "Bwyd"

Yn Gyntaf Rhaid Torri'r Moleciwlau Bwyd i Lawr

Ar ôl i chi gnoi eich bwyd ac ar ôl i'ch stumog gael ei thro yn ei greinsio ymhellach, mae'n dal i gynnwys moleciwlau eithaf mawr, sef Startsh, Proteinau, a Brasterau.

Mae'r rhain yn dal yn rhy fawr i dryledu i'r gwaed, ac felly yn y coluddyn bach fe'u torrir i lawr yn foleciwlau llai: Glwcos, asidau amino ac asidau brasterog a glyserol.

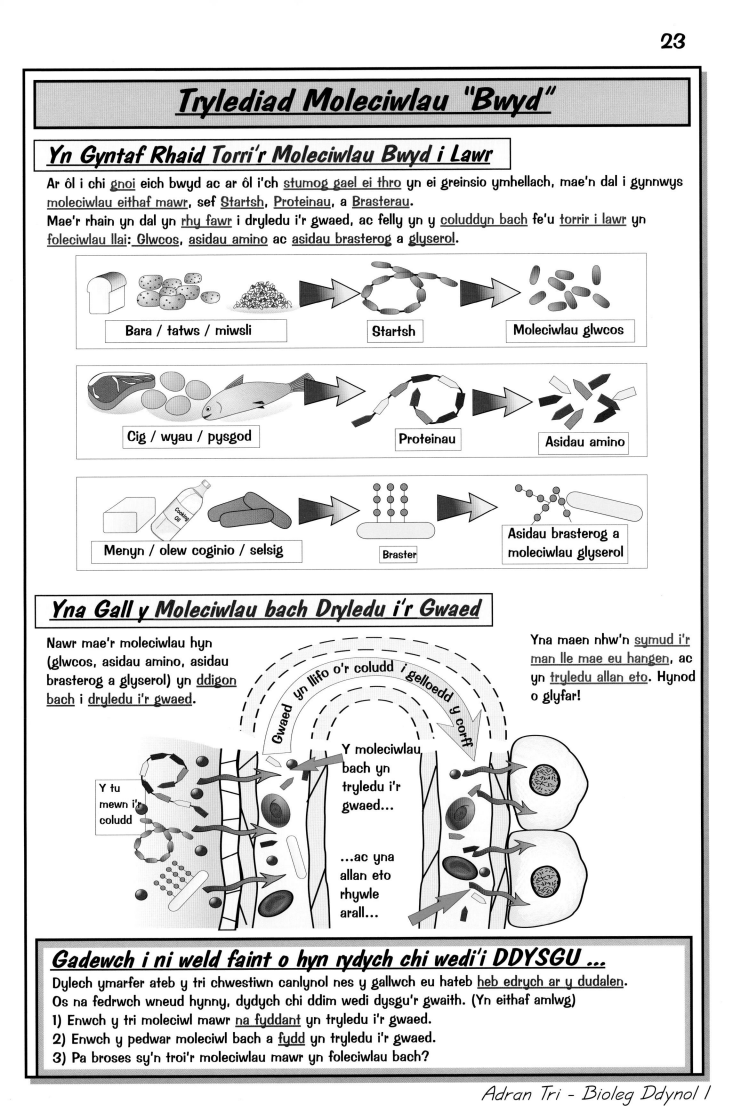

Bara / tatws / miwsli → Startsh → Moleciwlau glwcos

Cig / wyau / pysgod → Proteinau → Asidau amino

Menyn / olew coginio / selsig → Braster → Asidau brasterog a moleciwlau glyserol

Yna Gall y Moleciwlau bach Dryledu i'r Gwaed

Nawr mae'r moleciwlau hyn (glwcos, asidau amino, asidau brasterog a glyserol) yn ddigon bach i dryledu i'r gwaed.

Yna maen nhw'n symud i'r man lle mae eu hangen, ac yn tryledu allan eto. Hynod o glyfar!

Gwaed yn llifo o'r coludd i gelloedd y corff

Y tu mewn i'r coludd

Y moleciwlau bach yn tryledu i'r gwaed...

...ac yna allan eto rhywle arall...

Gadewch i ni weld faint o hyn rydych chi wedi'i DDYSGU ...

Dylech ymarfer ateb y tri chwestiwn canlynol nes y gallwch eu hateb heb edrych ar y dudalen.
Os na fedrwch wneud hynny, dydych chi ddim wedi dysgu'r gwaith. (Yn eithaf amlwg)

1) Enwch y tri moleciwl mawr na fyddant yn tryledu i'r gwaed.
2) Enwch y pedwar moleciwl bach a fydd yn tryledu i'r gwaed.
3) Pa broses sy'n troi'r moleciwlau mawr yn foleciwlau bach?

Profion Bwyd

Pedwar Prawf Bwyd Diflas Iawn

1) Y Prawf Ïodin ar gyfer STARTSH – yn ei droi'n las/ddu

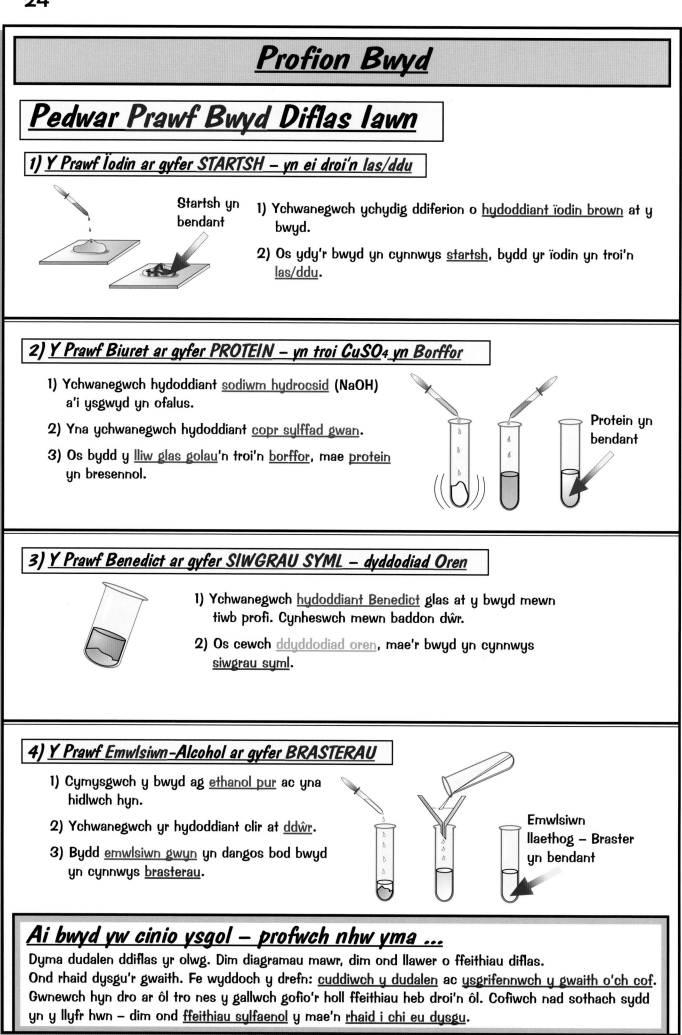

Startsh yn bendant

1) Ychwanegwch ychydig ddiferion o hydoddiant ïodin brown at y bwyd.

2) Os ydy'r bwyd yn cynnwys startsh, bydd yr ïodin yn troi'n las/ddu.

2) Y Prawf Biuret ar gyfer PROTEIN – yn troi CuSO₄ yn Borffor

1) Ychwanegwch hydoddiant sodiwm hydrocsid (NaOH) a'i ysgwyd yn ofalus.

2) Yna ychwanegwch hydoddiant copr sylffad gwan.

3) Os bydd y lliw glas golau'n troi'n borffor, mae protein yn bresennol.

Protein yn bendant

3) Y Prawf Benedict ar gyfer SIWGRAU SYML – dyddodiad Oren

1) Ychwanegwch hydoddiant Benedict glas at y bwyd mewn tiwb profi. Cynheswch mewn baddon dŵr.

2) Os cewch ddyddodiad oren, mae'r bwyd yn cynnwys siwgrau syml.

4) Y Prawf Emwlsiwn-Alcohol ar gyfer BRASTERAU

1) Cymysgwch y bwyd ag ethanol pur ac yna hidlwch hyn.

2) Ychwanegwch yr hydoddiant clir at ddŵr.

3) Bydd emwlsiwn gwyn yn dangos bod bwyd yn cynnwys brasterau.

Emwlsiwn llaethog – Braster yn bendant

Ai bwyd yw cinio ysgol – profwch nhw yma ...

Dyma dudalen ddiflas yr olwg. Dim diagramau mawr, dim ond llawer o ffeithiau diflas.
Ond rhaid dysgu'r gwaith. Fe wyddoch y drefn: cuddiwch y dudalen ac ysgrifennwch y gwaith o'ch cof.
Gwnewch hyn dro ar ôl tro nes y gallwch gofio'r holl ffeithiau heb droi'n ôl. Cofiwch nad sothach sydd yn y llyfr hwn – dim ond ffeithiau sylfaenol y mae'n rhaid i chi eu dysgu.

System Cylchrediad y Gwaed

Prif swyddogaeth y system cylchrediad gwaed yw mynd â bwyd ac ocsigen i bob cell yn y corff.
Mae'r diagram yn dangos y cynllun sylfaenol, ond cofiwch ddysgu'r pum pwynt pwysig hefyd.

Mae'n System Cylchrediad DWBL mewn gwirionedd

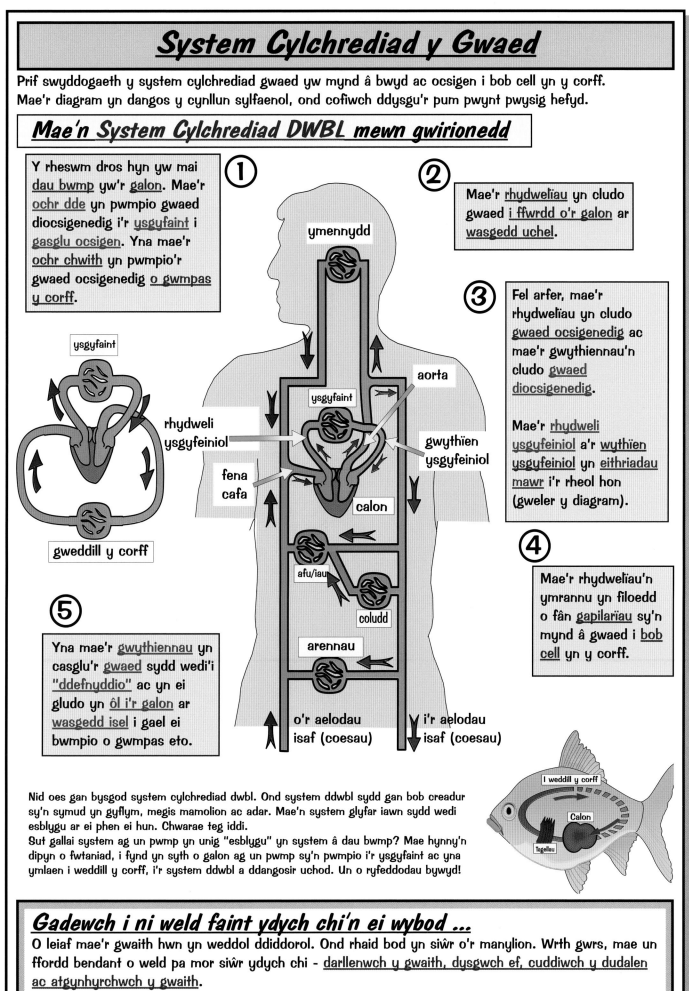

① Y rheswm dros hyn yw mai <u>dau bwmp</u> yw'r <u>galon</u>. Mae'r <u>ochr dde</u> yn pwmpio gwaed diocsigenedig i'r <u>ysgyfaint</u> i <u>gasglu ocsigen</u>. Yna mae'r <u>ochr chwith</u> yn pwmpio'r gwaed ocsigenedig <u>o gwmpas y corff</u>.

② Mae'r <u>rhydwelïau</u> yn cludo gwaed <u>i ffwrdd o'r galon</u> ar <u>wasgedd uchel</u>.

③ Fel arfer, mae'r rhydwelïau yn cludo <u>gwaed ocsigenedig</u> ac mae'r gwythiennau'n cludo <u>gwaed diocsigenedig</u>.

Mae'r <u>rhydweli ysgyfeiniol</u> a'r <u>wythïen ysgyfeiniol</u> yn <u>eithriadau mawr</u> i'r rheol hon (gweler y diagram).

④ Mae'r rhydwelïau'n ymrannu yn filoedd o fân <u>gapilarïau</u> sy'n mynd â gwaed i <u>bob cell</u> yn y corff.

⑤ Yna mae'r <u>gwythiennau</u> yn casglu'r <u>gwaed</u> sydd wedi'i "<u>ddefnyddio</u>" ac yn ei gludo yn <u>ôl i'r galon</u> ar <u>wasgedd isel</u> i gael ei bwmpio o gwmpas eto.

Labeli'r diagram: ymennydd · ysgyfaint · aorta · ysgyfaint · rhydweli ysgyfeiniol · gwythïen ysgyfeiniol · fena cafa · calon · afu/iau · coludd · arennau · gweddill y corff · o'r aelodau isaf (coesau) · i'r aelodau isaf (coesau) · i weddill y corff · Calon · Tagellau

Nid oes gan bysgod system cylchrediad dwbl. Ond system ddwbl sydd gan bob creadur sy'n symud yn gyflym, megis mamolion ac adar. Mae'n system glyfar iawn sydd wedi esblygu ar ei phen ei hun. Chwarae teg iddi.
Sut gallai system ag un pwmp yn unig "esblygu" yn system â dau bwmp? Mae hynny'n dipyn o fwtaniad, i fynd yn syth o galon ag un pwmp sy'n pwmpio i'r ysgyfaint ac yna ymlaen i weddill y corff, i'r system ddwbl a ddangosir uchod. Un o ryfeddodau bywyd!

Gadewch i ni weld faint ydych chi'n ei wybod ...

O leiaf mae'r gwaith hwn yn weddol ddiddorol. Ond rhaid bod yn siŵr o'r manylion. Wrth gwrs, mae un ffordd bendant o weld pa mor siŵr ydych chi - <u>darllenwch y gwaith, dysgwch ef, cuddiwch y dudalen ac atgynhyrchwch y gwaith</u>.
Llunio'r diagram <u>o'ch cof</u> yw'r unig ffordd i'w <u>ddysgu'n iawn</u>.

Y Galon

Mae'r galon wedi'i ffurfio bron yn llwyr o gyhyr. Pwmp dwbl yw hi. Dychmygwch y diagram hwn gyda'r ochr fwyaf yn llawn gwaed coch ocsigenedig a'r ochr leiaf yn llawn gwaed glas diocsigenedig. Hefyd dysgwch mai yr ochr chwith yw'r fwyaf.

Dysgwch y Diagram Hwn o'r Galon ynghyd â'r Holl Labeli

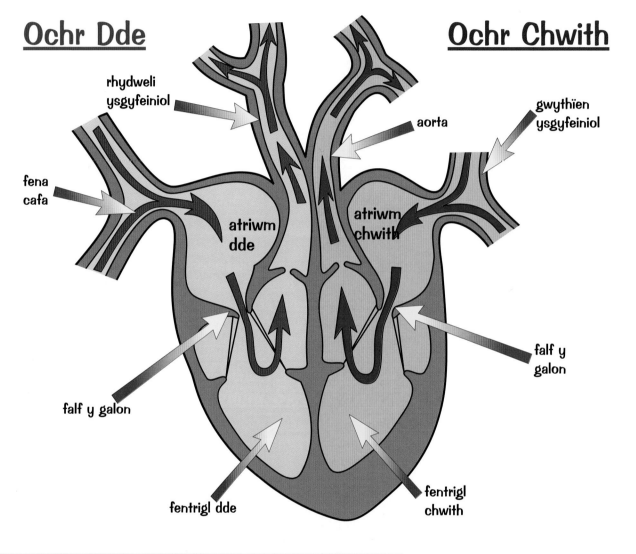

Ochr Dde

Ochr Chwith

rhydweli
ysgyfeiniol

aorta

gwythïen
ysgyfeiniol

fena
cafa

atriwm
dde

atriwm
chwith

falf y
galon

falf y galon

fentrigl dde

fentrigl
chwith

Pedwar Manylyn Ychwanegol i'ch Cyffroi

1) Mae ochr dde'r galon yn derbyn gwaed diocsigenedig o'r corff ac mae'n ei bwmpio i'r ysgyfaint yn unig. Felly mae iddi furiau mwy tenau na'r ochr chwith.

2) Mae'r ochr chwith yn derbyn gwaed ocsigenedig o'r ysgyfaint ac mae'n ei bwmpio o gwmpas y corff i gyd. Felly mae iddi furiau mwy trwchus a mwy cyhyrol.

3) Mae'r fentriglau'n fwy o lawer na'r atria am eu bod yn gwthio gwaed o gwmpas y corff.

4) Diben y falfiau yw rhwystro'r gwaed rhag llifo yn ôl.

Yn awr i'ch calonogi ...

Yn aml rhoddir diagram o'r galon yn yr Arholiad a gofynnir i chi labelu rhannau ohono.
Y ffordd i fod yn siŵr y gallwch labelu'r cyfan yw dysgu'r diagram nes y gallwch wneud braslun ohono, ynghyd a'r labeli, o'ch cof. Dysgwch hefyd y pedwar pwynt ar y gwaelod.

Y Gylchred Bwmpio

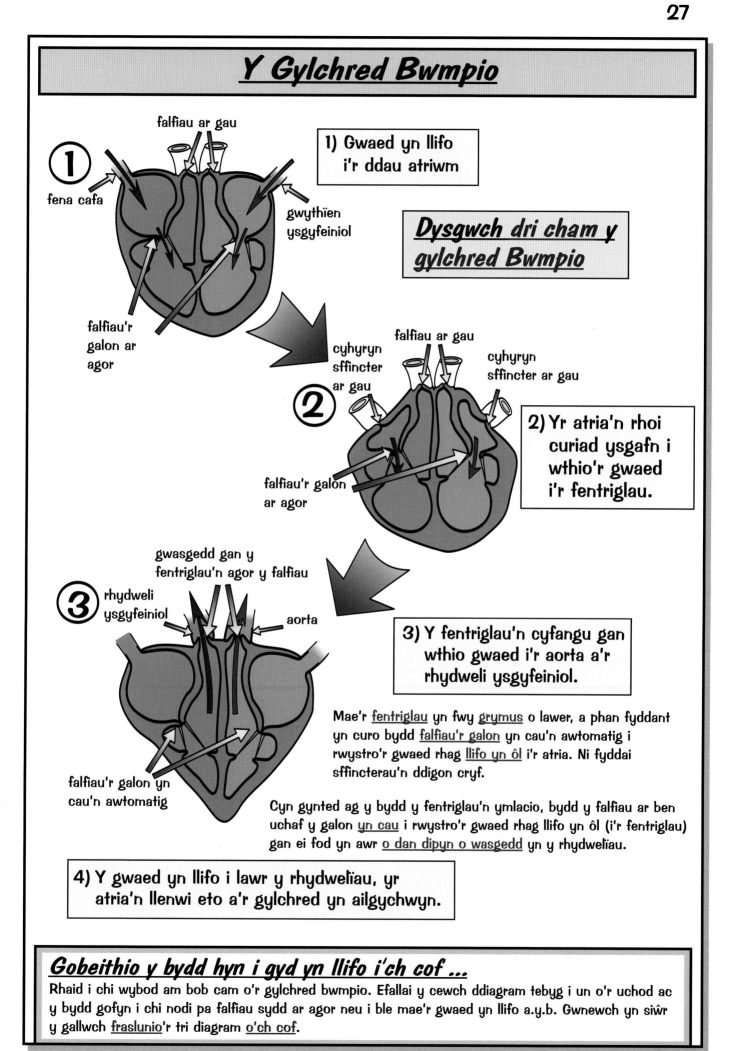

falfiau ar gau

① fena cafa

gwythïen ysgyfeiniol

falfiau'r galon ar agor

1) Gwaed yn llifo i'r ddau atriwm

Dysgwch dri cham y gylchred Bwmpio

② cyhyryn sffincter ar gau

falfiau ar gau

cyhyryn sffincter ar gau

falfiau'r galon ar agor

2) Yr atria'n rhoi curiad ysgafn i wthio'r gwaed i'r fentriglau.

gwasgedd gan y fentriglau'n agor y falfiau

③ rhydweli ysgyfeiniol

aorta

falfiau'r galon yn cau'n awtomatig

3) Y fentriglau'n cyfangu gan wthio gwaed i'r aorta a'r rhydweli ysgyfeiniol.

Mae'r <u>fentriglau</u> yn fwy <u>grymus</u> o lawer, a phan fyddant yn curo bydd <u>falfiau'r galon</u> yn cau'n awtomatig i rwystro'r gwaed rhag <u>llifo yn ôl</u> i'r atria. Ni fyddai sffincterau'n ddigon cryf.

Cyn gynted ag y bydd y fentriglau'n ymlacio, bydd y falfiau ar ben uchaf y galon <u>yn cau</u> i rwystro'r gwaed rhag llifo yn ôl (i'r fentriglau) gan ei fod yn awr <u>o dan dipyn o wasgedd</u> yn y rhydweliau.

4) Y gwaed yn llifo i lawr y rhydweliau, yr atria'n llenwi eto a'r gylchred yn ailgychwyn.

Gobeithio y bydd hyn i gyd yn llifo i'ch cof ...

Rhaid i chi wybod am bob cam o'r gylchred bwmpio. Efallai y cewch ddiagram tebyg i un o'r uchod ac y bydd gofyn i chi nodi pa falfiau sydd ar agor neu i ble mae'r gwaed yn llifo a.y.b. Gwnewch yn siŵr y gallwch <u>fraslunio</u>'r tri diagram <u>o'ch cof</u>.

Pibellau gwaed

Mae tri math gwahanol o bibellau gwaed a rhaid i chi ddysgu amdanynt:

Mae'r Rhydweliau'n Cludo Gwaed Dan Wasgedd

1) Mae'r rhydweliau yn cludo gwaed ocsigenedig i ffwrdd o'r galon.
2) Daw allan o'r galon ar wasgedd uchel, felly rhaid i furiau'r rhydweliau fod yn gryf ac elastig.
3) Sylwch pa mor drwchus yw'r muriau o'u cymharu a maint y twll i lawr y canol (y "lwmen" – enw dwl!)).

Mae'r Capilariau'n Fach Iawn

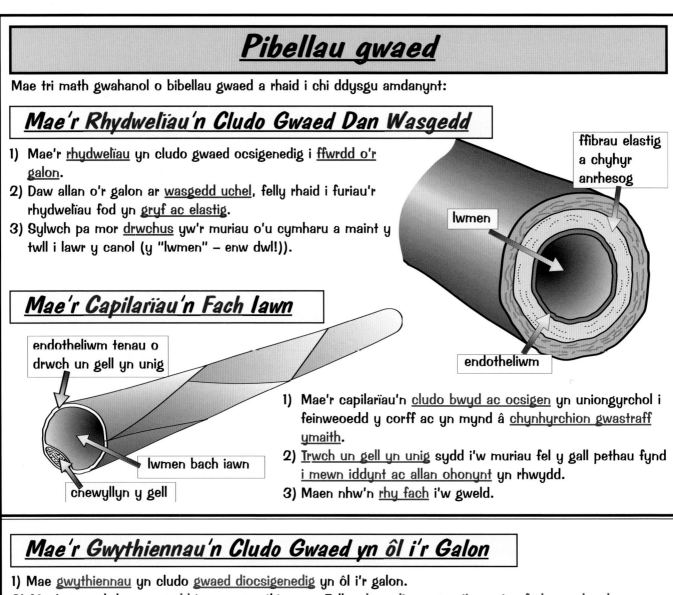

endotheliwm tenau o drwch un gell yn unig

lwmen

ffibrau elastig a chyhyr anrhesog

endotheliwm

lwmen bach iawn

chewyllyn y gell

1) Mae'r capilariau'n cludo bwyd ac ocsigen yn uniongyrchol i feinweoedd y corff ac yn mynd â chynhyrchion gwastraff ymaith.
2) Trwch un gell yn unig sydd i'w muriau fel y gall pethau fynd i mewn iddynt ac allan ohonynt yn rhwydd.
3) Maen nhw'n rhy fach i'w gweld.

Mae'r Gwythiennau'n Cludo Gwaed yn ôl i'r Galon

1) Mae gwythiennau yn cludo gwaed diocsigenedig yn ôl i'r galon.
2) Mae'r gwaed dan wasgedd is yn y gwythiennau. Felly, does dim angen i'r muriau fod mor drwchus.
3) Mae ganddynt lwmen mwy nag sydd gan y rhydweliau i helpu'r gwaed lifo.
4) Hefyd mae ganddynt falfiau i helpu i gadw'r gwaed i lifo i'r cyfeiriad iawn.

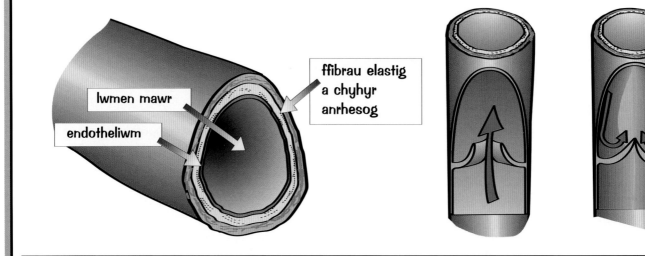

lwmen mawr

endotheliwm

ffibrau elastig a chyhyr anrhesog

Rhaid gweithio neu fethu ...

Diagramau digon hawdd. Cofiwch ddysgu hefyd y pwyntiau sydd wedi'u rhifo. Dylech fedru ysgrifennu'r cyfan o'ch cof – diagramau a phwyntiau – ar ôl dau gynnig neu dri. Canolbwyntiwch bob tro ar ddysgu'r darnau y gwnaethoch eu hanghofio.

Gwaed

Celloedd Coch y Gwaed

1) Eu gwaith yw cludo <u>ocsigen</u> i bob cell yn y corff.
2) Siâp donyt yn hedfan sydd iddynt i roi'r <u>arwynebedd arwyneb mwyaf</u> ar gyfer amsugno <u>ocsigen</u>.
3) Maent yn cynnwys <u>haemoglobin</u>, sy'n <u>goch</u> iawn ac sy'n cynnwys llawer o <u>haearn</u>.
4) Yn yr <u>ysgyfaint</u> mae'r haemoglobin yn amsugno <u>ocsigen</u> i droi'n <u>ocsihaemoglobin</u>. Ym meinweoedd y corff mae'r gwrthwyneb yn digwydd i ryddhau ocsigen i'r <u>celloedd</u>.
5) Does dim <u>cnewyllyn</u> gan gelloedd coch y gwaed i wneud <u>mwy o le</u> ar gyfer haemoglobin.

Celloedd Gwyn y Gwaed

1) Eu prif waith yw <u>amddiffyn rhag clefyd</u>.
2) Mae <u>cnewyllyn mawr</u> ganddynt.
3) Maent <u>yn llowcio microbau annymunol</u>.
4) Maent yn cynhyrchu <u>gwrthgyrff</u> i ymladd bacteria.
5) Maent yn cynhyrchu <u>gwrthwenwynau</u> i niwtralu'r gwenwynau a gynhyrchir gan facteria.

Plasma

Hylif lliw gwellt golau yw hwn sy'n <u>cludo bron popeth</u>:
1) <u>Celloedd coch</u> a <u>gwyn y gwaed</u> a <u>phlatennau</u>.
2) Cynhyrchion bwyd a dreuliwyd megis <u>glwcos</u> ac <u>asidau amino</u>.
3) <u>Carbon deuocsid</u>.
4) <u>Hormonau</u>.
5) <u>Gwrthgyrff</u> a <u>gwrthwenwynau</u> a gynhyrchir gan gelloedd gwyn y gwaed.

Platennau

1) <u>Darnau bach o gelloedd</u> yw'r rhain.
2) Does <u>dim cnewyllyn</u> ganddynt.
3) Maent yn <u>helpu'r gwaed i dolchi</u> lle mae clwyf.
   (Yn y bôn maent yn symud o gwmpas yn aros i ddamwain ddigwydd!)

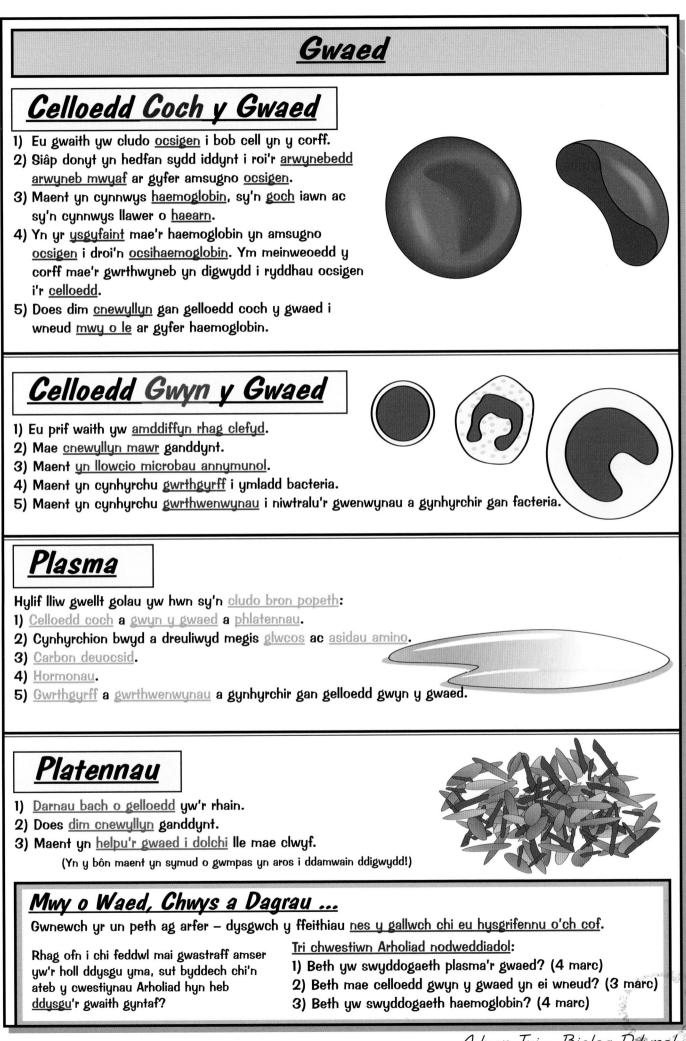

Mwy o Waed, Chwys a Dagrau ...

Gwnewch yr un peth ag arfer – dysgwch y ffeithiau <u>nes y gallwch chi eu hysgrifennu o'ch cof</u>.

Rhag ofn i chi feddwl mai gwastraff amser yw'r holl ddysgu yma, sut byddech chi'n ateb y cwestiynau Arholiad hyn heb <u>ddysgu</u>'r gwaith gyntaf?

Tri chwestiwn Arholiad nodweddiadol:
1) Beth yw swyddogaeth plasma'r gwaed? (4 marc)
2) Beth mae celloedd gwyn y gwaed yn ei wneud? (3 marc)
3) Beth yw swyddogaeth haemoglobin? (4 marc)

Yr Ysgyfaint ac Anadlu

Y Thoracs

Dysgwch y diagram hwn yn dda.

1) Rhan uchaf eich "corff" yw'r <u>thoracs</u>.

2) Mae'r <u>ysgyfaint</u> yn debyg i <u>sbyngau pinc mawr</u>.

3) Mae'r <u>tracea</u> yn ymrannu'n ddau diwb, sef <u>'bronci'</u> ('broncws' yw'r unigol), gydag un yn mynd at y naill ysgyfant a'r llall.

4) Mae'r bronci'n ymrannu'n diwbiau llai a llai, sef <u>bronciolynnau</u>.

5) Mae'r bronciolynnau'n terfynu yn fagiau bach a elwir yn <u>alfeoli</u>, lle bydd nwyon yn cyfnewid.

oesoffagws (pibell fwyd)

tracea (pibell wynt)

cyhyryn rhyngasennol

bronciolyn

calon

broncws

asen

alfeoli

cyhyryn y llengig

llengig

Anadlu i Mewn...

1) Mae'r <u>cyhyrynnau rhyngasennol</u> a'r <u>llengig</u> <u>yn cyfangu</u>.
2) Mae <u>cyfaint y thoracs yn cynyddu</u>.
3) Fe gaiff aer ei <u>dynnu i mewn</u>.

...ac Anadlu Allan

1) Mae'r <u>cyhyrynnau rhyngasennol</u> a'r <u>llengig yn ymlacio</u>.
2) Mae <u>cyfaint y thoracs yn lleihau</u>
3) Fe gaiff aer ei <u>wthio allan</u>.

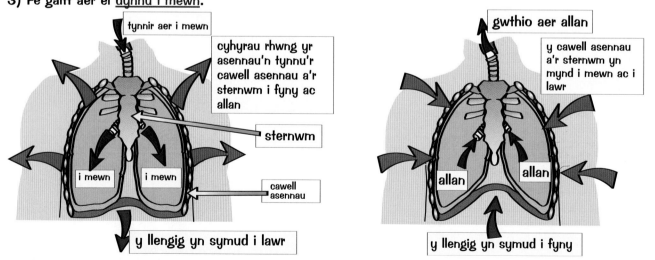

tynnir aer i mewn

cyhyrau rhwng yr asennau'n tynnu'r cawell asennau a'r sternwm i fyny ac allan

sternwm

i mewn

i mewn

cawell asennau

y llengig yn symud i lawr

gwthio aer allan

y cawell asennau a'r sternwm yn mynd i mewn ac i lawr

allan

allan

y llengig yn symud i fyny

Mor hawdd ag anadlu i mewn ac allan ...

Dim rhestri diflas o ffeithiau. Dim ond tri diagram gwych i'w dysgu.

Wrth ymarfer llunio'r diagramau o'ch cof, does dim angen bod yn daclus iawn. Gwnewch nhw'n ddigon clir i allu labelu'r darnau pwysig. Fyddan nhw byth yn gofyn i chi lunio rhyw ddiagram ffansi yn yr Arholiad, ond bydd disgwyl i chi labelu un. Ond yr unig ffordd i fod yn siŵr eich bod yn gwybod diagram yn iawn yw ei lunio a'i labelu <u>o'ch cof</u>.

Alfeoli, Celloedd a Thryledu

Alfeoli

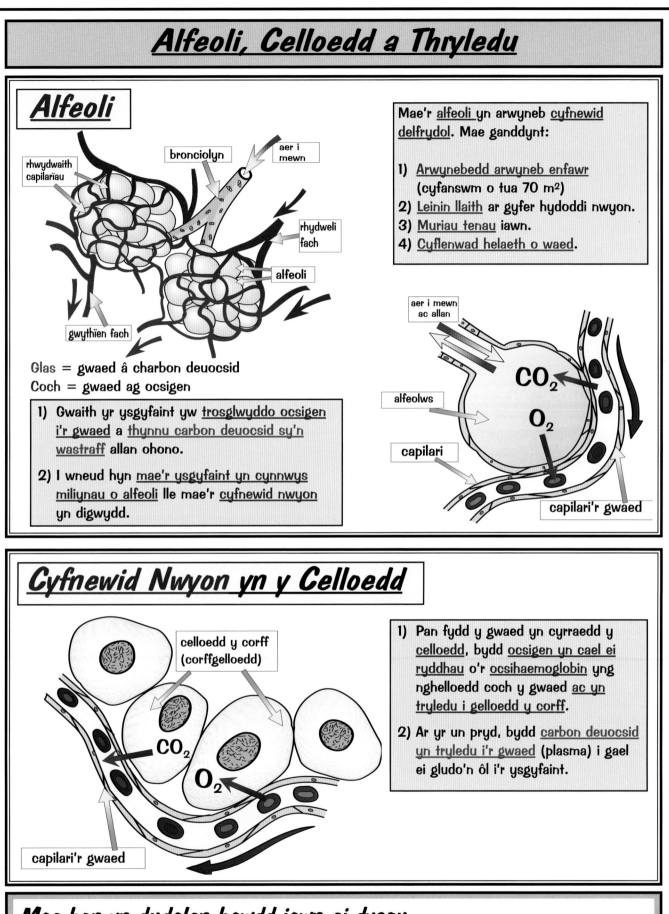

rhwydwaith capilarïau

bronciolyn

aer i mewn

rhydweli fach

alfeoli

gwythien fach

Glas = gwaed â charbon deuocsid
Coch = gwaed ag ocsigen

1) Gwaith yr ysgyfaint yw <u>trosglwyddo ocsigen i'r gwaed</u> a <u>thynnu carbon deuocsid sy'n wastraff</u> allan ohono.

2) I wneud hyn <u>mae'r ysgyfaint yn cynnwys miliynau o alfeoli</u> lle mae'r <u>cyfnewid nwyon</u> yn digwydd.

Mae'r <u>alfeoli</u> yn arwyneb <u>cyfnewid delfrydol</u>. Mae ganddynt:

1) <u>Arwynebedd arwyneb enfawr</u> (cyfanswm o tua 70 m^2)
2) <u>Leinin llaith</u> ar gyfer hydoddi nwyon.
3) <u>Muriau tenau</u> iawn.
4) <u>Cyflenwad helaeth o waed</u>.

aer i mewn ac allan

alfeolws

CO_2

O_2

capilari

capilari'r gwaed

Cyfnewid Nwyon yn y Celloedd

celloedd y corff (corffgelloedd)

CO_2

O_2

capilari'r gwaed

1) Pan fydd y gwaed yn cyrraedd y <u>celloedd</u>, bydd <u>ocsigen yn cael ei ryddhau</u> o'r ocsihaemoglobin yng nghelloedd coch y gwaed <u>ac yn tryledu i gelloedd y corff</u>.

2) Ar yr un pryd, bydd <u>carbon deuocsid yn tryledu i'r gwaed</u> (plasma) i gael ei gludo'n ôl i'r ysgyfaint.

Mae hon yn dudalen hawdd iawn ei dysgu ...

Sylwch fod y pwyntiau sydd wedi'u rhifo yn ailadrodd y wybodaeth a ddangosir yn eglur yn y diagramau. Y bwriad yw eich bod yn <u>deall a chofio</u> yr hyn sy'n digwydd a pham mae'n gweithio cystal. Bydd cofio'r diagramau o gymorth mawr i chi.
<u>Dysgwch</u> y diagramau ynghyd â'r geiriau nes y gallwch eu braslunio'n <u>llwyr o'ch cof</u>.

Resbiradaeth

NID "anadlu i mewn ac allan" yw Resbiradaeth

1) NID anadlu i mewn ac anadlu allan yw resbiradaeth.
2) Mae resbiradaeth yn digwydd ym mhob cell yn eich corff.
3) Resbiradaeth yw'r broses o drawsnewid glwcos yn egni.
4) Mae'n digwydd mewn planhigion hefyd. Mae popeth byw yn "resbiradu". Maent yn trawsnewid "bwyd" yn egni.

RESBIRADAETH yw'r broses o DRAWSNEWID GLWCOS YN EGNI. Mae'n digwydd YM MHOB CELL

Mae Angen Digon o Ocsigen ar gyfer Resbiradaeth Aerobig

1) Resbiradaeth aerobig yw'r hyn sy'n digwydd os oes digon o ocsigen ar gael.

2) Ystyr "aerobig" yw "gydag ocsigen" a dyma'r ffordd ddelfrydol i drawsnewid glwcos yn egni.

Mae angen i chi ddysgu'r hafaliad:

Glwcos + Ocsigen → Carbon Deuocsid + Dŵr (+ Egni)

Cyfansoddiad Aer Mewnanadledig ac Allanadledig

Dyma'r gwahaniaeth rhwng yr hyn rydych yn ei anadlu i mewn a'r hyn rydych yn ei anadlu allan:

NWY:	AER I MEWN:	AER ALLAN:
Nitrogen	79%	79%
Oxygen	21%	17%
CO_2	0%	4%
Anwedd dŵr	Amrywiol	Llawer

1) Sylwch fod yr ocsigen a ddefnyddir yn cyfateb i'r CO_2 a gynhyrchir, fel yn yr hafaliad uchod.

2) Sylwch mai dim ond ychydig o'r ocsigen ym mhob anadl y byddwch yn ei amsugno, er bod yna filiynau o alfeoli.

Cymerwch Anadl Ddofn ac ewch ati i Ddysgu'r Gwaith ...

Mae tair adran ar y dudalen hon a dydy hi ddim yn anodd eu dysgu'n ddigon da i fedru eu hysgrifennu o'ch cof. Ceisiwch ddarlunio cynllun y dudalen yn eich meddwl a chofiwch faint o bwyntiau sydd ym mhob adran. Does dim angen eu hysgrifennu air am air. Cofiwch yn hytrach y pwyntiau pwysig ynglŷn â phob adran.

Resbiradaeth Anaerobig – Chi a Burum

Ni ddefnyddir Ocsigen o gwbl mewn Resbiradaeth Anaerobig

1) Resbiradaeth anaerobig sy'n digwydd os nad oes ocsigen ar gael.

2) Ystyr "anaerobig" yw "heb ocsigen". NID dyma'r ffordd orau i drawsnewid glwcos yn egni gan ei fod yn cynhyrchu asid lactig.

Mae angen i chi ddysgu'r hafaliad geiriau:

$$\text{Glwcos} \rightarrow \text{Egni} + \text{Asid Lactig}$$

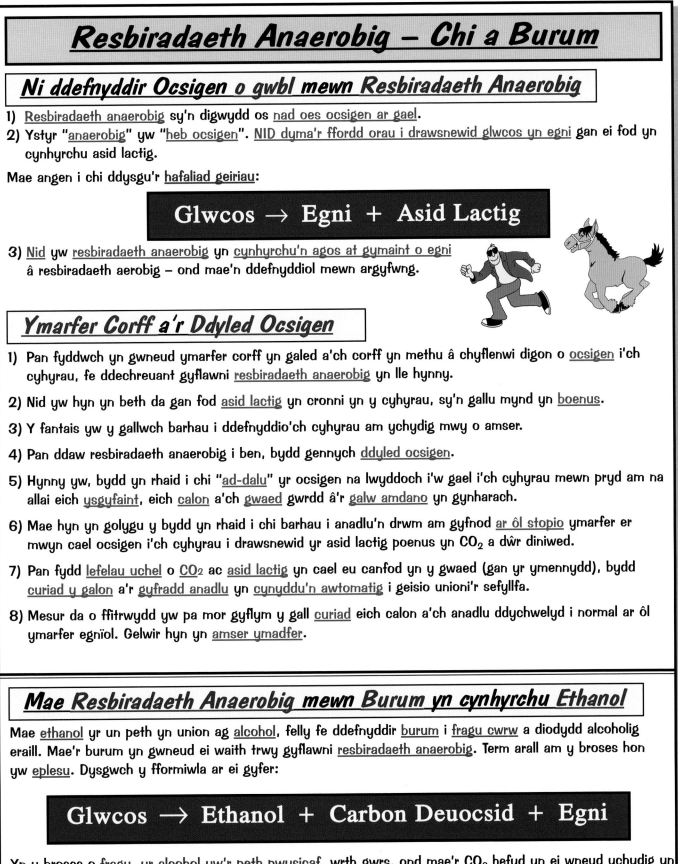

3) Nid yw resbiradaeth anaerobig yn cynhyrchu'n agos at gymaint o egni â resbiradaeth aerobig – ond mae'n ddefnyddiol mewn argyfwng.

Ymarfer Corff a'r Ddyled Ocsigen

1) Pan fyddwch yn gwneud ymarfer corff yn galed a'ch corff yn methu â chyflenwi digon o ocsigen i'ch cyhyrau, fe ddechreuant gyflawni resbiradaeth anaerobig yn lle hynny.

2) Nid yw hyn yn beth da gan fod asid lactig yn cronni yn y cyhyrau, sy'n gallu mynd yn boenus.

3) Y fantais yw y gallwch barhau i ddefnyddio'ch cyhyrau am ychydig mwy o amser.

4) Pan ddaw resbiradaeth anaerobig i ben, bydd gennych ddyled ocsigen.

5) Hynny yw, bydd yn rhaid i chi "ad-dalu" yr ocsigen na lwyddoch i'w gael i'ch cyhyrau mewn pryd am na allai eich ysgyfaint, eich calon a'ch gwaed gwrdd â'r galw amdano yn gynharach.

6) Mae hyn yn golygu y bydd yn rhaid i chi barhau i anadlu'n drwm am gyfnod ar ôl stopio ymarfer er mwyn cael ocsigen i'ch cyhyrau i drawsnewid yr asid lactig poenus yn CO_2 a dŵr diniwed.

7) Pan fydd lefelau uchel o CO_2 ac asid lactig yn cael eu canfod yn y gwaed (gan yr ymennydd), bydd curiad y galon a'r gyfradd anadlu yn cynyddu'n awtomatig i geisio unioni'r sefyllfa.

8) Mesur da o ffitrwydd yw pa mor gyflym y gall curiad eich calon a'ch anadlu ddychwelyd i normal ar ôl ymarfer egnïol. Gelwir hyn yn amser ymadfer.

Mae Resbiradaeth Anaerobig mewn Burum yn cynhyrchu Ethanol

Mae ethanol yr un peth yn union ag alcohol, felly fe ddefnyddir burum i fragu cwrw a diodydd alcoholig eraill. Mae'r burum yn gwneud ei waith trwy gyflawni resbiradaeth anaerobig. Term arall am y broses hon yw eplesu. Dysgwch y fformiwla ar ei gyfer:

$$\text{Glwcos} \rightarrow \text{Ethanol} + \text{Carbon Deuocsid} + \text{Egni}$$

Yn y broses o fragu, yr alcohol yw'r peth pwysicaf, wrth gwrs, ond mae'r CO_2 hefyd yn ei wneud ychydig yn befriog. (Gweler y Llyfr Cemeg am fwy o fanylion am eplesu.)

Gadewch i ni weld faint ydych chi'n ei wybod felly ...

Darllenwch y dudalen, yna gwelwch faint fedrwch ei ysgrifennu am bob adran. Yna gwnewch hyn eto. Does dim angen dysgu'r pwyntiau am y "Ddyled Ocsigen" yn rhy ffurfiol. Gwell fyddai ysgrifennu traethawd byr am y pwnc a gweld faint anghofioch chi. Mwynhewch.

Y System Nerfol

Organau Synhwyro a Derbynyddion

Y Pum organ synhwyro yw:
Llygaid Clustiau Trwyn Tafod Croen

Mae'r pum gwahanol organ synhwyro yn cynnwys gwahanol dderbynyddion. Grwpiau o gelloedd sy'n sensitif i symbyliad megis golau neu wres a.y.b. yw derbynyddion.

Organau Synhwyro a Derbynyddion
Peidiwch â drysu rhyngddynt:

Mae'r llygad yn organ synhwyro – mae'n cynnwys derbynyddion golau.

Mae'r glust yn organ synhwyro – mae'n cynnwys derbynyddion sain.

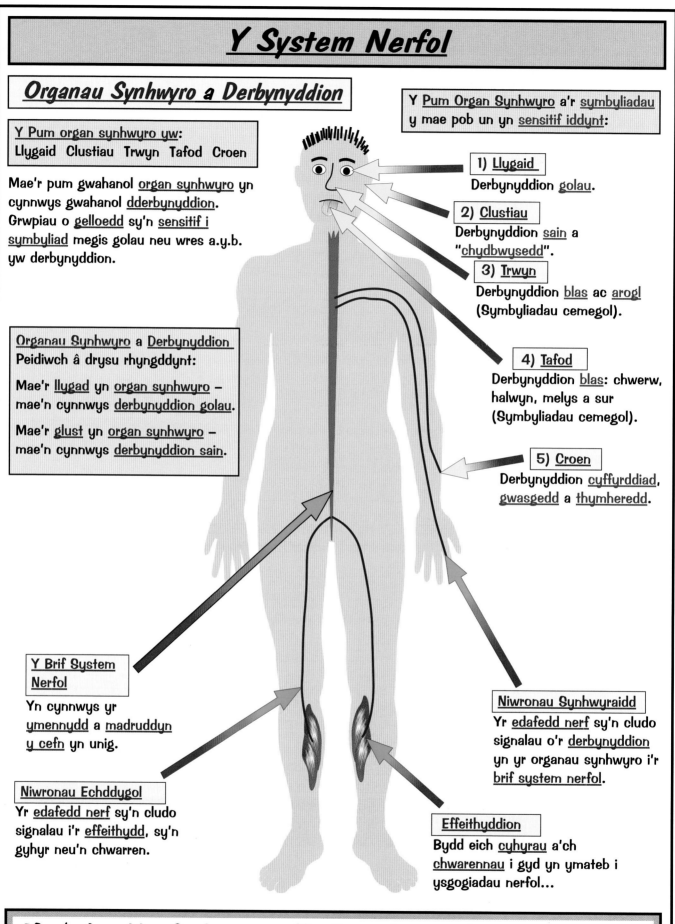

Y Pum Organ Synhwyro a'r symbyliadau y mae pob un yn sensitif iddynt:

1) Llygaid
Derbynyddion golau.

2) Clustiau
Derbynyddion sain a "chydbwysedd".

3) Trwyn
Derbynyddion blas ac arogl (Symbyliadau cemegol).

4) Tafod
Derbynyddion blas: chwerw, halwyn, melys a sur (Symbyliadau cemegol).

5) Croen
Derbynyddion cyffyrddiad, gwasgedd a thymheredd.

Y Brif System Nerfol
Yn cynnwys yr ymennydd a madruddyn y cefn yn unig.

Niwronau Echddygol
Yr edafedd nerf sy'n cludo signalau i'r effeithydd, sy'n gyhyr neu'n chwarren.

Niwronau Synhwyraidd
Yr edafedd nerf sy'n cludo signalau o'r derbynyddion yn yr organau synhwyro i'r brif system nerfol.

Effeithyddion
Bydd eich cyhyrau a'ch chwarennau i gyd yn ymateb i ysgogiadau nerfol...

Mae'n hawdd – Synhwyrau cyffredin yw hyn i gyd ...
Mae llawer o enwau i'w dysgu. Ond does dim gwaith diangen yma. Mae'r cyfan yn gallu ennill marciau i chi yn yr Arholiad, felly dysgwch ef.
Dylech ymarfer nes y gallwch guddio'r dudalen ac ysgrifennu'r holl fanylion o'ch cof.

Y Brif System Nerfol

Y Brif System Nerfol ac Effeithyddion

1) <u>Y brif system nerfol</u> yw'r man lle caiff yr holl wybodaeth synhwyraidd ei anfon a lle caiff atgyrchau a gweithredoedd eu cyd-drefnu. Mae'n cynnwys yr <u>ymennydd</u> a <u>madruddyn y cefn</u> yn unig.

2) Mae <u>niwronau</u> (celloedd nerf) yn <u>trawsyrru ysgogiadau trydanol</u> o gwmpas y corff yn gyflym iawn.

3) <u>Effeithyddion</u> yw'r <u>cyhyrau a'r chwarennau</u> sy'n ymateb i'r gwahanol symbyliadau yn ôl y cyfarwyddiadau a anfonir o'r brif system nerfol.

Mae'r Tri Math o Niwronau Fwy neu Lai yr Un Peth

Y TRI MATH o NIWRON yw:
1) <u>niwron synhwyraidd</u>
2) <u>niwron echddygol</u>
3) <u>niwron cysylltiol</u>

Mae nhw <u>fwy neu lai yr un peth</u> ond maent wedi'u <u>cysylltu â phethau gwahanol</u>.

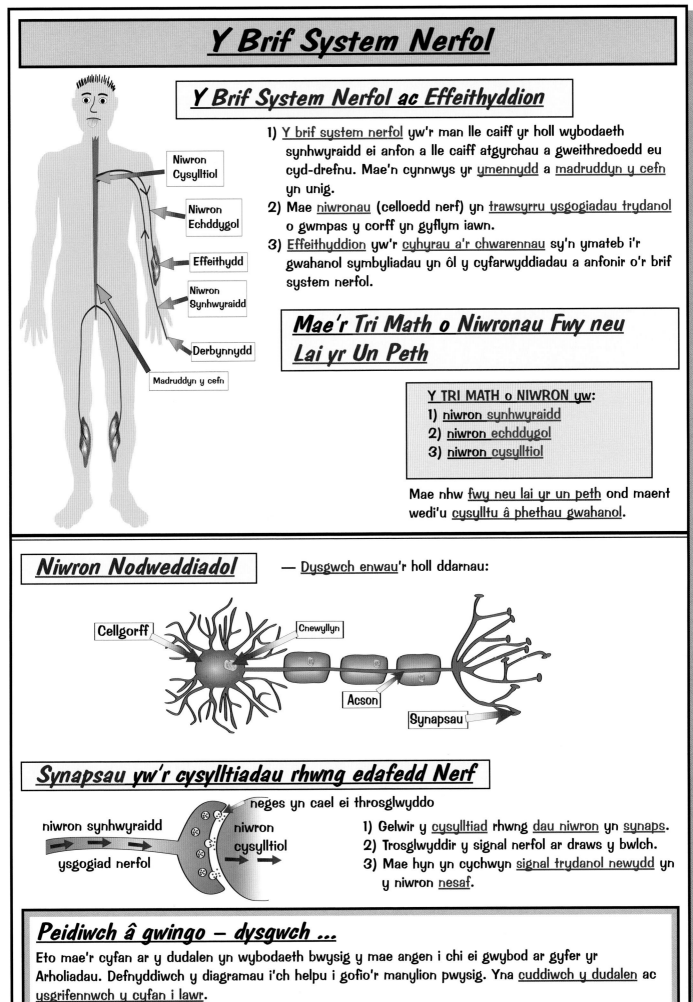

Niwron Cysylltiol

Niwron Echddygol

Effeithydd

Niwron Synhwyraidd

Derbynnydd

Madruddyn y cefn

Niwron Nodweddiadol
— <u>Dysgwch enwau</u>'r holl ddarnau:

Cellgorff

Cnewyllyn

Acson

Synapsau

Synapsau yw'r cysylltiadau rhwng edafedd Nerf

neges yn cael ei throsglwyddo

niwron synhwyraidd

niwron cysylltiol

ysgogiad nerfol

1) Gelwir y <u>cysylltiad</u> rhwng <u>dau niwron</u> yn <u>synaps</u>.
2) Trosglwyddir y signal nerfol ar draws y bwlch.
3) Mae hyn yn cychwyn <u>signal trydanol newydd</u> yn y niwron <u>nesaf</u>.

Peidiwch â gwingo – dysgwch ...

Eto mae'r cyfan ar y dudalen yn wybodaeth bwysig y mae angen i chi ei gwybod ar gyfer yr Arholiadau. Defnyddiwch y diagramau i'ch helpu i gofio'r manylion pwysig. Yna <u>cuddiwch y dudalen</u> ac <u>ysgrifennwch y cyfan i lawr</u>.

Niwronau ac Atgyrchau

Mae'r Llwybr Atgyrch yn Galluogi'r Corff i Ymateb yn Gyflym Iawn

1) Mae'r system nerfol yn caniatáu i'r corff <u>ymateb yn gyflym iawn</u> am ei fod yn defnyddio <u>ysgogiadau trydanol</u>.

2) <u>Gweithredoedd atgyrch</u> yw'r rhai a wnewch <u>heb feddwl</u>, felly maent yn <u>gyflymach fyth</u>.

3) Mae gweithredoedd atgyrch yn <u>arbed eich corff rhag anaf</u>, e.e. tynnu eich llaw oddi ar wrthrych poeth.

Mae'r <u>llwybr atgyrch</u> yn ddigon syml.

Defnyddir y gair "llwybr" yn hytrach na dolen am nad yw'r ddau ben wedi'u cysylltu â'i gilydd.

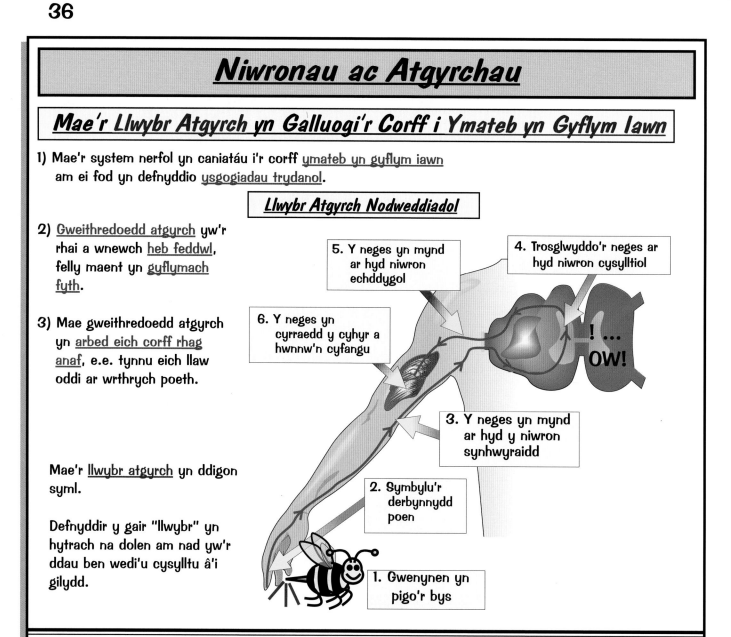

Llwybr Atgyrch Nodweddiadol

5. Y neges yn mynd ar hyd niwron echddygol

4. Trosglwyddo'r neges ar hyd niwron cysylltiol

6. Y neges yn cyrraedd y cyhyr a hwnnw'n cyfangu

! ... OW!

3. Y neges yn mynd ar hyd y niwron synhwyraidd

2. Symbylu'r derbynnydd poen

1. Gwenynen yn pigo'r bys

Dysgwch y Diagram Bloc o'r Llwybr Atgyrch

Gwnewch yn siŵr eich bod yn dysgu y <u>diagram bloc</u> o'r llwybr atgyrch hefyd.
Y cyfan yw'r diagram bloc yw'r darnau wedi eu gosod mewn <u>blychau hirsgwar</u>.
Mae'r lluniau yno i'ch helpu i ddeall beth yw ystyr y cyfan – ac i'w wneud yn fwy hwyliog.

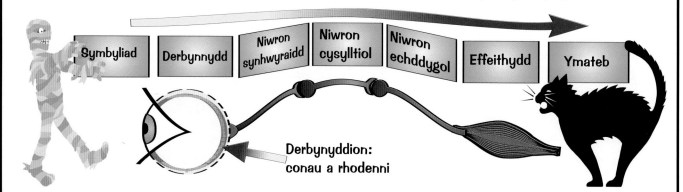

Symbyliad · Derbynnydd · Niwron synhwyraidd · Niwron cysylltiol · Niwron echddygol · Effeithydd · Ymateb

Derbynyddion: conau a rhodenni

Atgyrchau – fe allant fynd ar eich nerfau ...

Nid yw'r gwaith ar y llwybr atgyrch mor anodd a hynny, dim ond i chi ei ddysgu ynghyd â'r holl fân ffeithiau sydd yn mynd gydag ef. Fe allant ofyn i chi ysgrifennu'r diagram bloc o'r system atgyrch i lawr a bydd rhaid i chi lenwi'r blychau yn gywir ac yn y drefn iawn. <u>Dysgwch ac ysgrifennwch.</u>

Y Llygad

Dysgwch Y Llygad a'r holl labeli:

1) <u>Cannwyll</u> y llygad yw'r <u>twll</u> yng nghanol yr iris y mae'r golau'n mynd trwyddo.
2) Mae'r llygad yn llawn <u>hylif clir</u> sy'n <u>cynnal</u> siâp sfferig y llygad.
3) Y <u>retina</u> yw'r rhan sy'n <u>sensitif i olau</u> ac sy'n llawn <u>rhodenni</u> a <u>chonau</u>.
4) Mae <u>rhodenni</u>'n fwy sensitif mewn <u>golau pŵl</u> ond maent yn synhwyro mewn <u>du a gwyn</u> yn unig.
5) Mae <u>conau</u>'n sensitif i <u>liwiau</u> ond dydyn nhw ddim cystal mewn golau pŵl.
6) Smotyn yw'r <u>ffofea</u> sy'n llawn conau wedi'u pacio yn agos iawn at ei gilydd. Bydd y ffofea yn cynhyrchu delwedd weledol glir iawn pan fyddwch yn edrych ar wrthrych.

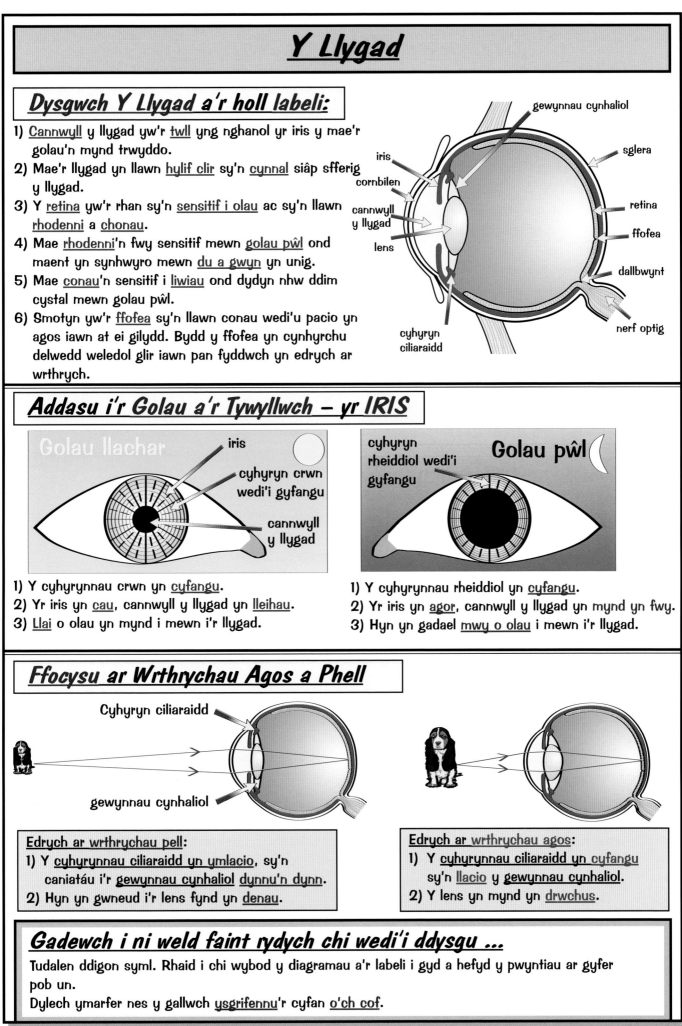

Labels on eye diagram: gewynnau cynhaliol, iris, cornbilen, cannwyll y llygad, lens, cyhyryn ciliaraidd, sglera, retina, ffofea, dallbwynt, nerf optig

Addasu i'r Golau a'r Tywyllwch – yr IRIS

Golau llachar — iris, cyhyryn crwn wedi'i gyfangu, cannwyll y llygad

1) Y cyhyrynnau crwn yn <u>cyfangu</u>.
2) Yr iris yn <u>cau</u>, cannwyll y llygad yn <u>lleihau</u>.
3) <u>Llai</u> o olau yn mynd i mewn i'r llygad.

Golau pŵl — cyhyryn rheiddiol wedi'i gyfangu

1) Y cyhyrynnau rheiddiol yn <u>cyfangu</u>.
2) Yr iris yn <u>agor</u>, cannwyll y llygad yn mynd yn fwy.
3) Hyn yn gadael <u>mwy o olau</u> i mewn i'r llygad.

Ffocysu ar Wrthrychau Agos a Phell

Cyhyryn ciliaraidd

gewynnau cynhaliol

Edrych ar wrthrychau pell:
1) Y <u>cyhyrynnau ciliaraidd yn ymlacio</u>, sy'n caniatáu i'r <u>gewynnau cynhaliol dynnu'n dynn</u>.
2) Hyn yn gwneud i'r lens fynd yn <u>denau</u>.

Edrych ar wrthrychau agos:
1) Y <u>cyhyrynnau ciliaraidd yn cyfangu</u> sy'n <u>llacio</u> y <u>gewynnau cynhaliol</u>.
2) Y lens yn mynd yn <u>drwchus</u>.

Gadewch i ni weld faint rydych chi wedi'i ddysgu ...

Tudalen ddigon syml. Rhaid i chi wybod y diagramau a'r labeli i gyd a hefyd y pwyntiau ar gyfer pob un.
Dylech ymarfer nes y gallwch <u>ysgrifennu</u>'r cyfan <u>o'ch cof</u>.

Crynodeb Adolygu Adran Tri

Mae llawer i'w ddysgu yn Adran tri. Ond mae'n weddol syml a ffeithiol – hynny yw, dim byd sy'n anodd ei ddeall ond tipyn o ffeithiau i'w dysgu. Mae llawer o ddiagramau hefyd. Ewch ati i ymarfer y cwestiynau hyn nes y gallwch chi ateb pob un heb oedi.

1) Brasluniwch ddiagram o'r system dreulio a rhowch y deg label arno.
2) Ysgrifennwch o leiaf un manylyn ar gyfer saith o'r deg label sydd arno.
3) Beth yn union a wna ensymau yn y system dreulio?
4) Rhestrwch y tri phrif ensym treulio. Ar ba fwydydd maen nhw'n gweithredu? Beth maen nhw'n ei gynhyrchu?
5) Lluniwch ddiagram o wasgiad peristaltig. Labelwch y gwahanol fathau o feinweoedd, ynghyd â'u pwrpas.
6) Brasluniwch filws a nodwch ei ddiben. Nodwch dair prif nodwedd filysau.
7) Beth yw'r tri moleciwl bwyd "mawr" ac ym mha fath o fwydydd y ceir pob un ohonynt?
8) Torrir y tri moleciwl mawr yn foleciwlau bach gan y system dreulio. Enwch y moleciwlau bach hyn.
9) Brasluniwch ddiagram yn dangos yr hyn sy'n digwydd i'r moleciwlau bach wedyn.
10) Disgrifiwch y pedwar prawf bwyd: a) startsh, b) protein, c) siwgrau syml, ch) brasterau.
11) Lluniwch ddiagram o system cylchrediad gwaed ddynol: calon, ysgyfaint, rhydwelïau, gwythiennau a.y.b.
12) Pam mae'r system cylchrediad yn system ddwbl? Disgrifiwch wasgedd a chynnwys ocsigen y gwaed ym mhob rhan. Pa eiriau mawr a ddefnyddir i ddangos a oes ocsigen yn y gwaed ai peidio?
13) Lluniwch ddiagram mawr o'r galon ynghyd â'r holl labeli. Eglurwch y gwahaniaeth rhwng y ddau hanner.
14) Cymharwch fentriglau ag atria. Beth yw pwrpas y falfiau?
15) Gan ddefnyddio diagramau, disgrifiwch yn gryno dri cham cylchred bwmpio y galon.
16) Brasluniwch rydweli, capilari, a gwythïen, gyda'r holl labeli. Eglurwch nodweddion pob un.
17) Brasluniwch gell goch y gwaed, a chell wen y gwaed. Rhowch bum manylyn am bob un.
18) Brasluniwch blasma'r gwaed. Rhestrwch y pethau a gludir yn y plasma (tua 10 ohonynt).
19) Brasluniwch blatennau. Beth maen nhw'n ei wneud drwy'r dydd?
20) Lluniwch ddiagram o'r thoracs, yn dangos yr holl offer anadlu.
21) Disgrifiwch yr hyn sy'n digwydd wrth anadlu i mewn ac anadlu allan. Cofiwch roi'r holl fanylion.
22) Ble ceir alfeoli? Pa mor fawr ydynt a beth yw eu pwrpas? Rhowch bedair o'u nodwedion.
23) Eglurwch yr hyn sy'n digwydd i ocsigen a charbon deuocsid yn yr alfeoli a chelloedd y corff.
24) Beth yw resbiradaeth? Rhowch ddiffiniad cywir ohono.
25) Beth yw cyfansoddiad yr aer sy'n cael ei anadlu i mewn a'r aer sydd wedi'i anadlu allan? Nodwch ddau sylw ar y gwahaniaethau.
26) Beth yw "resbiradaeth aerobig"? Nodwch yr hafaliad amdano.
27) Beth yw "resbiradaeth anaerobig"? Nodwch yr hafaliad ar gyfer yr hyn sy'n digwydd yn ein cyrff.
28) Beth a olygir gan y ddyled ocsigen? Beth sydd yn fesur da o lefel ffitrwydd person?
29) Beth yw'r hafaliad geiriau ar gyfer eplesu? Pa gynnyrch sy'n defnyddio eplesu?
30) Lluniwch ddiagram yn dangos prif rannau'r system nerfol.
31) Rhestrwch y pum organ synhwyro a nodwch pa fath o dderbynyddion sydd gan bob un ohonynt?
32) Beth yw effeithyddion? Pa ddau beth sy'n ffurfio'r brif system nerfol?
33) Enwch y tri math o niwronau? Lluniwch ddiagram manwl o niwron nodweddiadol.
34) Disgrifiwch sut mae llwybr atgyrch yn gweithio ac eglurwch pam mae'n beth da? Lluniwch ddiagram bloc o'r llwybr atgyrch.
35) Lluniwch ddiagram manwl o'r llygad ynghyd â'r holl labeli a'r manylion.
36) Disgrifiwch sut mae'r llygad yn addasu i'r golau a'r tywyllwch, ac yn ffocysu ar wrthrychau agos a phell.

Hormonau

Negesyddion Cemegol a anfonir yn y Gwaed yw Hormonau

1) <u>Cemegion</u> a ryddheir yn <u>uniongyrchol i'r gwaed</u> yw hormonau.
2) Fe'u cludir yn y <u>gwaed</u> i rannau eraill y corff.
3) Fe'u cynhyrchir mewn gwahanol <u>chwarennau</u> (chwarennau endocrin) fel y dangosir yn y diagram.
4) Maen nhw'n <u>symud o gwmpas y corff</u> ond yn effeithio ar <u>gelloedd penodol</u> mewn mannau penodol yn unig.
5) Maent yn symud ar '<u>gyflymder y gwaed</u>'.
6) Mae <u>effeithiau</u> hormonau yn <u>para'n hir</u>.
7) Maent yn rheoli pethau y mae angen eu <u>haddasu'n gyson</u>.

Dysgwch y diffiniad hwn:

Hormonau...
yw'r <u>negesyddion cemegol</u>
sy'n <u>teithio yn y gwaed</u> i
<u>actifadu celloedd targed</u>.

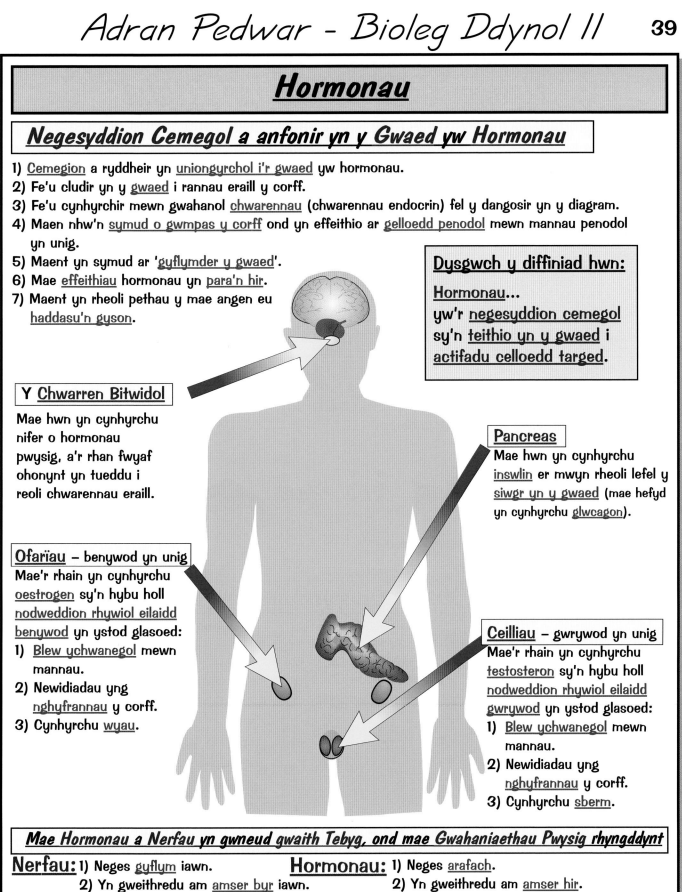

Y <u>Chwarren Bitwidol</u>

Mae hwn yn cynhyrchu nifer o hormonau pwysig, a'r rhan fwyaf ohonynt yn tueddu i reoli chwarennau eraill.

Pancreas

Mae hwn yn cynhyrchu <u>inswlin</u> er mwyn rheoli lefel y <u>siwgr yn y gwaed</u> (mae hefyd yn cynhyrchu <u>glwcagon</u>).

Ofariau – benywod yn unig

Mae'r rhain yn cynhyrchu <u>oestrogen</u> sy'n hybu holl <u>nodweddion rhywiol eilaidd benywod</u> yn ystod glasoed:
1) <u>Blew ychwanegol</u> mewn mannau.
2) Newidiadau yng <u>nghyfrannau</u> y corff.
3) Cynhyrchu <u>wyau</u>.

Ceilliau – gwrywod yn unig

Mae'r rhain yn cynhyrchu <u>testosteron</u> sy'n hybu holl <u>nodweddion rhywiol eilaidd gwrywod</u> yn ystod glasoed:
1) <u>Blew ychwanegol</u> mewn mannau.
2) Newidiadau yng <u>nghyfrannau</u> y corff.
3) Cynhyrchu <u>sberm</u>.

Mae Hormonau a Nerfau yn gwneud gwaith Tebyg, ond mae Gwahaniaethau Pwysig rhyngddynt

Nerfau:
1) Neges <u>gyflym</u> iawn.
2) Yn gweithredu am <u>amser byr</u> iawn.
3) Yn gweithredu ar <u>fan penodol</u>.
4) Ymateb <u>ar unwaith</u>.

Hormonau:
1) Neges <u>arafach</u>.
2) Yn gweithredu am <u>amser hir</u>.
3) Yn gweithredu mewn ffordd fwy <u>cyffredinol</u>.
4) Ymateb <u>tymor hirach</u>.

Hormonau – Hawdd ...

Does dim llawer i'w ddysgu yma. Mae'r diagram a'i labeli'n ddigon hawdd. Mae cymharu nerfau a hormonau'n hawdd hefyd. Mae'n werth dysgu'r diffiniad ar gyfer hormonau air am air. Gwell dysgu'r saith pwynt ar ran uchaf y dudalen drwy wneud <u>traethawd byr</u>. <u>Dysgwch</u>, <u>cuddiwch y dudalen</u> ac <u>ysgrifennwch</u>. Yna <u>triwch eto</u>. A gwenwch wrth gwrs.

Hormonau yn y Gylchred Fislifol

Mae Pedwar Cam i'r Gylchred Fislifol

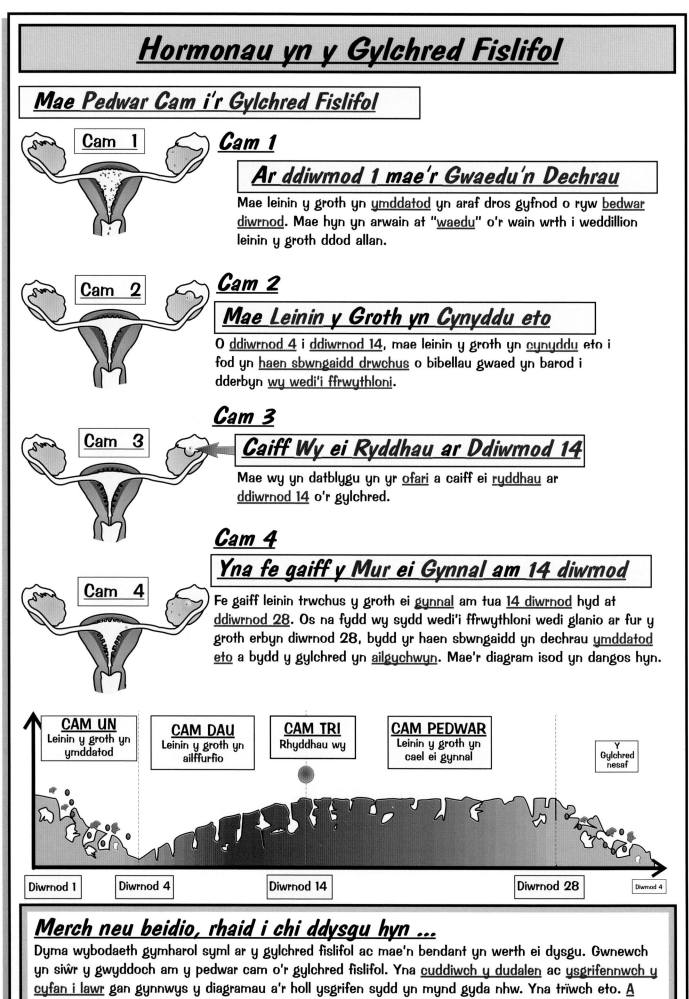

Cam 1

Cam 1

Ar ddiwrnod 1 mae'r Gwaedu'n Dechrau

Mae leinin y groth yn ymddatod yn araf dros gyfnod o ryw bedwar diwrnod. Mae hyn yn arwain at "waedu" o'r wain wrth i weddillion leinin y groth ddod allan.

Cam 2

Cam 2

Mae Leinin y Groth yn Cynyddu eto

O ddiwrnod 4 i ddiwrnod 14, mae leinin y groth yn cynyddu eto i fod yn haen sbwngaidd drwchus o bibellau gwaed yn barod i dderbyn wy wedi'i ffrwythloni.

Cam 3

Cam 3

Caiff Wy ei Ryddhau ar Ddiwrnod 14

Mae wy yn datblygu yn yr ofari a caiff ei ryddhau ar ddiwrnod 14 o'r gylchred.

Cam 4

Cam 4

Yna fe gaiff y Mur ei Gynnal am 14 diwrnod

Fe gaiff leinin trwchus y groth ei gynnal am tua 14 diwrnod hyd at ddiwrnod 28. Os na fydd wy sydd wedi'i ffrwythloni wedi glanio ar fur y groth erbyn diwrnod 28, bydd yr haen sbwngaidd yn dechrau ymddatod eto a bydd y gylchred yn ailgychwyn. Mae'r diagram isod yn dangos hyn.

CAM UN
Leinin y groth yn ymddatod

CAM DAU
Leinin y groth yn ailffurfio

CAM TRI
Rhyddhau wy

CAM PEDWAR
Leinin y groth yn cael ei gynnal

Y Gylchred nesaf

Diwrnod 1   Diwrnod 4   Diwrnod 14   Diwrnod 28   Diwrnod 4

Merch neu beidio, rhaid i chi ddysgu hyn ...

Dyma wybodaeth gymharol syml ar y gylchred fislifol ac mae'n bendant yn werth ei dysgu. Gwnewch yn siŵr y gwyddoch am y pedwar cam o'r gylchred fislifol. Yna cuddiwch y dudalen ac ysgrifennwch y cyfan i lawr gan gynnwys y diagramau a'r holl ysgrifen sydd yn mynd gyda nhw. Yna trïwch eto. A mwynhewch.

Hormonau yn y Gylchred Fislifol

Oestrogen a Phrogesteron yw'r ddau Brif Hormon

Cynhyrchir y ddau hormon hyn yn yr <u>ofarïau</u> a nhw sy'n rheoli'r hyn sy'n digwydd yn ystod y gylchred:

1) Oestrogen:
1) Mae'n achosi i <u>leinin y groth</u> fynd yn fwy <u>trwchus</u> a <u>thyfu</u>.
2) Mae'n symbylu'r broses lle caiff <u>wy ei ryddhau</u> ar ddiwrnod 14.

2) Progesteron:
1) Mae'n <u>cynnal leinin</u> y groth.
2) Pan fydd lefel y progesteron yn <u>gostwng</u>, bydd y leinin yn <u>ymddatod</u>.

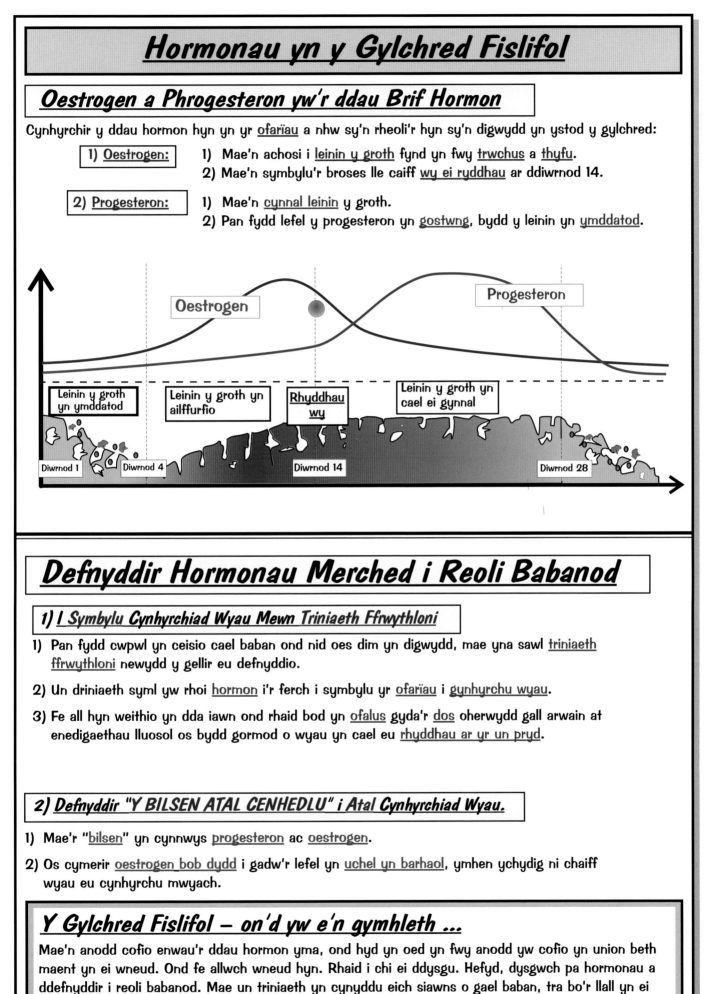

Defnyddir Hormonau Merched i Reoli Babanod

1) I Symbylu Cynhyrchiad Wyau Mewn Triniaeth Ffrwythloni

1) Pan fydd cwpwl yn ceisio cael baban ond nid oes dim yn digwydd, mae yna sawl <u>triniaeth ffrwythloni</u> newydd y gellir eu defnyddio.

2) Un driniaeth syml yw rhoi <u>hormon</u> i'r ferch i symbylu yr <u>ofarïau</u> i <u>gynhyrchu wyau</u>.

3) Fe all hyn weithio yn dda iawn ond rhaid bod yn <u>ofalus</u> gyda'r <u>dos</u> oherwydd gall arwain at enedigaethau lluosol os bydd gormod o wyau yn cael eu <u>rhyddhau ar yr un pryd</u>.

2) Defnyddir "Y BILSEN ATAL CENHEDLU" i Atal Cynhyrchiad Wyau.

1) Mae'r "<u>bilsen</u>" yn cynnwys <u>progesteron</u> ac <u>oestrogen</u>.

2) Os cymerir <u>oestrogen bob dydd</u> i gadw'r lefel yn <u>uchel yn barhaol</u>, ymhen ychydig ni chaiff wyau eu cynhyrchu mwyach.

Y Gylchred Fislifol – on'd yw e'n gymhleth ...

Mae'n anodd cofio enwau'r ddau hormon yma, ond hyd yn oed yn fwy anodd yw cofio yn union beth maent yn ei wneud. Ond fe allwch wneud hyn. Rhaid i chi ei ddysgu. Hefyd, dysgwch pa hormonau a ddefnyddir i reoli babanod. Mae un driniaeth yn cynyddu eich siawns o gael baban, tra bo'r llall yn ei leihau. <u>Dysgwch, cuddiwch y dudalen, ysgrifennwch, a.y.b.</u> ...

Hormonau – Inswlin a Diabetes

Inswlin yw'r hormon sy'n rheoli faint o siwgr sydd yn eich gwaed. DYSGWCH sut y gwna hyn:

Mae inswlin yn Rheoli Lefel Siwgr y Gwaed

1) Bydd bwyta bwydydd carbohydrad yn golygu y bydd llawer o glwcos yn mynd i'r gwaed o'r coludd.
2) Bydd metabolaeth arferol celloedd yn cael gwared â glwcos o'r gwaed.
3) Bydd gwneud ymarfer corff egnïol yn cael gwared â llawer mwy o glwcos o'r gwaed.
4) I gadw rheolaeth ar lefel y glwcos yn y gwaed rhaid bod modd ychwanegu glwcos at y gwaed neu gael gwared â glwcos o'r gwaed. Dyma sut:

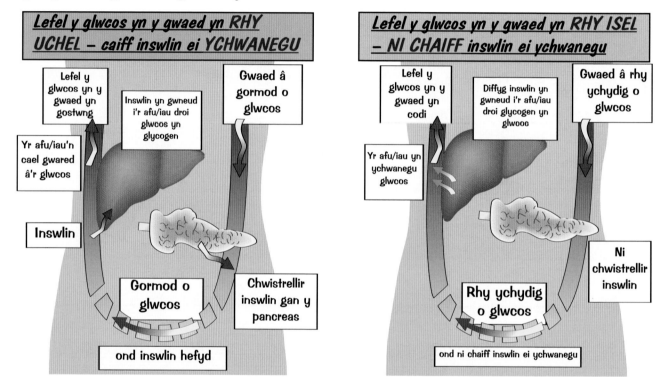

Lefel y glwcos yn y gwaed yn RHY UCHEL – caiff inswlin ei YCHWANEGU

- Lefel y glwcos yn y gwaed yn gostwng
- Inswlin yn gwneud i'r afu/iau droi glwcos yn glycogen
- Gwaed â gormod o glwcos
- Yr afu/iau'n cael gwared â'r glwcos
- Inswlin
- Gormod o glwcos
- Chwistrellir inswlin gan y pancreas
- ond inswlin hefyd

Lefel y glwcos yn y gwaed yn RHY ISEL – NI CHAIFF inswlin ei ychwanegu

- Lefel y glwcos yn y gwaed yn codi
- Diffyg inswlin yn gwneud i'r afu/iau droi glycogen yn glwcos
- Gwaed â rhy ychydig o glwcos
- Yr afu/iau yn ychwanegu glwcos
- Rhy ychydig o glwcos
- Ni chwistrellir inswlin
- ond ni chaiff inswlin ei ychwanegu

Cofiwch fod ychwanegu inswlin yn gostwng lefel y siwgr yn y gwaed.
(Pan fydd lefel y siwgr yn y gwaed yn rhy isel, ychwanegir hormon arall, glwcagon, yn hytrach nag inswlin. Mae'r glwcagon yn gwneud i'r afu/iau ryddhau glwcos i'r gwaed.)

Diabetes – Y Pancreas yn Methu Gwneud Digon o Inswlin

1) Clefyd yw diabetes (cefyd siwgr) lle dydy'r pancreas ddim yn cynhyrchu digon o inswlin.
2) O ganlyniad gall lefel y siwgr yng ngwaed yr unigolyn godi i lefel a all ei ladd.
3) Gellir rheoli'r broblem mewn dwy ffordd:

A) Osgoi bwydydd sy'n llawn carbohydrad (sy'n troi'n glwcos wrth gael eu treulio).
Gall hefyd fod yn ddefnyddiol gwneud ymarfer corff ar ôl bwyta carbohydradau ... h.y. ceisio defnyddio'r glwcos ychwanegol drwy wneud gweithgaredd corfforol, ond nid yw'n ymarferol iawn fel arfer.

B) Chwistrellu inswlin i'r gwaed cyn prydau (yn enwedig os ydynt yn llawn carbohydradau). Bydd hyn yn gwneud i'r afu/iau gael gwared â'r glwcos o'r gwaed cyn gynted ag y bydd yn mynd i mewn iddo o'r coludd, pan gaiff bwyd (sy'n llawn carbohydradau) ei dreulio. Bydd hyn yn cadw lefel y glwcos yn y gwaed rhag mynd yn rhy uchel. Mae'n driniaeth effeithiol iawn.

Dysgwch yr holl waith hwn ynglŷn â lefel y siwgr yn y gwaed a diabetes ...

Gall y gwaith hwn ar lefel y siwgr yn y gwaed ac inswlin eich drysu ar y cychwyn. Ond os dysgwch y ddau ddiagram, daw'r gwaith yn haws. Cofiwch mai bwydydd carbohydrad yn unig sy'n gwthio lefel y siwgr yn y gwaed i fyny. Dysgwch y gwaith, yna cuddiwch y dudalen ac ysgrifennwch y cyfan.

Homeostasis

1) Mae <u>homeostasis</u> yn air ffansi.
2) Mae homeostasis yn ymwneud â holl swyddogaethau eich corff sy'n ceisio cynnal "<u>amgylchedd mewnol cyson</u>". Dysgwch y diffiniad:

HOMEOSTASIS:
Cynnal AMGYLCHEDD MEWNOL CYSON

Mae Chwe Lefel Gorfforol Wahanol y mae angen eu Rheoli:

1) CAEL GWARED Â <u>CO$_2$</u>
2) CAEL GWARED AG <u>WREA</u>

Dyma ddefnyddiau <u>gwastraff</u>. Fe'u cynhyrchir yn gyson yn y corff a <u>rhaid cael gwared arnynt</u>.

3) Faint o <u>Ïonau</u>
4) Faint o <u>ddŵr</u>
5) Faint o <u>siwgr</u>
6) <u>Tymheredd</u>

Dyma'r <u>pethau da</u> ac mae arnom eu hangen, <u>ond ar y lefel gywir</u> – dim gormod na rhy ychydig.

Mae holl Gelloedd eich Corff yn Gorwedd mewn Hylif Meinweol

Mae <u>holl gelloedd eich corff</u> yn <u>gorwedd mewn hylif meinweol</u>, sef <u>plasma'r gwaed</u> sydd wedi gollwng o'r capilariau (yn fwriadol).

Er mwyn sicrhau bod eich holl gelloedd yn gweithio'n iawn, <u>rhaid i'r hylif hwn fod yn union gywir</u> – hynny yw, rhaid i'r <u>chwe pheth</u> uchod gael eu <u>cadw ar y lefel gywir</u> – heb fod yn rhy uchel nac yn rhy isel.

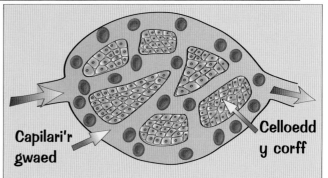

Capilari'r gwaed / Celloedd y corff

Mae'r Croen yn gwneud Tri Phrif Beth ar eich cyfer:

Byddai "<u>cynnal amgylchedd mewnol cyson</u>" braidd yn anodd heb eich <u>croen</u>.

1) Mae'n eich cadw rhag <u>sychu</u> (DADHYDRADU).
2) Mae'n cadw <u>germau allan</u>.
3) Mae'n helpu i reoli eich <u>tymheredd</u>. (gweler tud.50)

Mae'r ddau gyntaf yn weddol amlwg. Mae'r croen yn haen wrth-ddŵr, wrth-germau a gwrth-bron-popeth-nad-yw'n-rhy-finiog-na-phoeth-na-chyflym. Mae'n cadw gweddill y byd allan ac felly yn cynnal "<u>amgylchedd mewnol cyson</u>" fel y bydd eich celloedd bach i gyd yn gynnes ac yn gysurus yn gwneud eu gwaith bob dydd.

(Mae hyn yn fy atgoffa o'r ysgol. Chi yw'r celloedd, yn cael cynhesrwydd, bwyd a diod a digon o'r hyn y mae arnoch ei angen i gyflawni eich "gwaith" bob dydd.)

Dysgwch am homeostasis – heb gynhyrfu ...

Mae hyn i gyd braidd yn dechnegol. Mae homeostasis yn fater cymhleth. Mae'n beth da bod y corff yn ei wneud yn awtomatig neu mi fyddem mewn trafferth. Ond rhaid i chi ei <u>ddysgu</u> ar gyfer eich Arholiad. Ysgrifennwch.

Organau sy'n ymwneud â Homeostasis

Mae angen i chi ddysgu am yr organau sy'n ymwneud â chynnal eich amgylchedd mewnol. Dysgwch y diagram ynghyd â'r holl labeli.

Dysgwch yr Organau sy'n ymwneud a Homeostasis:

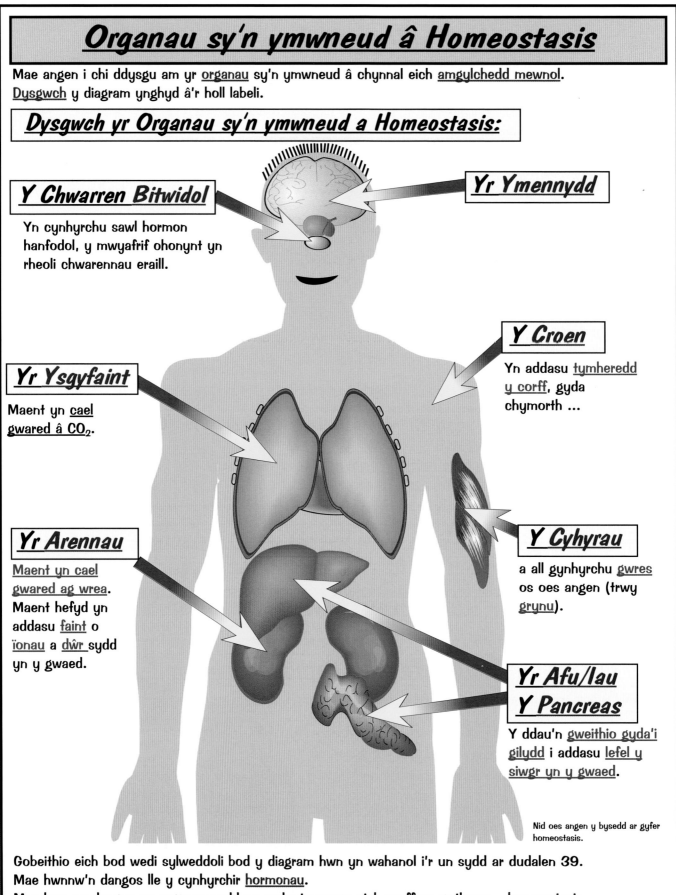

Y Chwarren Bitwidol

Yn cynhyrchu sawl hormon hanfodol, y mwyafrif ohonynt yn rheoli chwarennau eraill.

Yr Ymennydd

Y Croen

Yn addasu tymheredd y corff, gyda chymorth ...

Yr Ysgyfaint

Maent yn cael gwared â CO_2.

Y Cyhyrau

a all gynhyrchu gwres os oes angen (trwy grynu).

Yr Arennau

Maent yn cael gwared ag wrea. Maent hefyd yn addasu faint o ïonau a dŵr sydd yn y gwaed.

Yr Afu/Iau Y Pancreas

Y ddau'n gweithio gyda'i gilydd i addasu lefel y siwgr yn y gwaed.

Nid oes angen y bysedd ar gyfer homeostasis.

Gobeithio eich bod wedi sylweddoli bod y diagram hwn yn wahanol i'r un sydd ar dudalen 39.
Mae hwnnw'n dangos lle y cynhyrchir hormonau.
Mae hwn yn dangos pa organau sydd yn cadw tu mewn eich corff yn gytbwys – homeostasis.

Byddwch fel yr hen Mr.Wurlitzer – adnabyddwch eich organau ...

Wel, dyma ddiagram mawr braf os fu un erioed. A fedrwch adnabod yr wyth organ sydd yn cynnal eich amgylchedd mewnol. Dysgwch y diagram ynghyd â'r holl fanylion. Cuddiwch y dudalen ac ysgrifennwch yr holl fanylion i lawr.

Yr Arennau

Mae'r Arennau'n gweithredu fel hidlenni i "lanhau'r gwaed"

Mae'r <u>arennau</u> yn cyflawni <u>tair prif swyddogaeth</u>:

1) <u>Cael gwared ag wrea</u> o'r gwaed.
2) <u>Addasu'r ïonau</u> yn y gwaed.
3) <u>Addasu faint o ddŵr</u> sydd yn y gwaed.

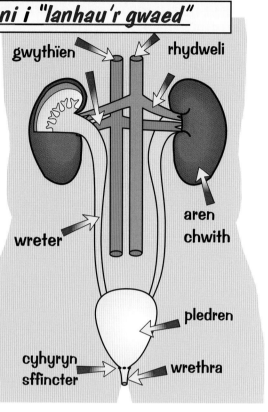

Diagram labels: gwythïen, rhydweli, aren chwith, wreter, pledren, cyhyryn sffincter, wrethra

1) Cael gwared ag wrea

1) Cynhyrchir <u>wrea</u> yn yr <u>afu/iau</u>.

2) Ni all y corff storio proteinau, felly mae'r afu/iau yn <u>ymddatod yr asidau amino</u> sydd dros ben yn frasterau a charbohydradau.

3) <u>Wrea</u> yw'r cynnyrch gwastraff. Fe'i trosglwyddir i'r gwaed i gael ei <u>hidlo allan</u> gan yr <u>arennau</u>. Hefyd fe gaiff wrea ei golli yn rhannol mewn <u>chwys</u>. Mae wrea'n <u>wenwynig</u>.

2) Addasu Faint o Ïonau

1) Cymerir <u>ïonau</u> megis sodiwm i mewn i'r corff mewn <u>bwyd</u>, ac yna fe'u hamsugnir i'r gwaed.

2) Os bydd y bwyd yn cynnwys <u>gormod</u> o unrhyw ïonau, bydd yr arennau'n cael gwared â'r ïonau sydd dros ben. Er enghraifft, bydd pryd bwyd hallt yn cynnwys llawer gormod o sodiwm a bydd yr arennau'n cael <u>gwared â'r gormodedd</u> o'r gwaed.

3) Hefyd collir rhai ïonau mewn <u>chwys</u> (sy'n blasu'n hallt, fel y byddwch wedi sylwi).

4) Ond y peth pwysig i'w gofio yw bod y <u>cydbwysedd</u> yn cael ei gynnal gan yr <u>arennau</u> drwy'r amser.

3) Addasu Faint o Ddŵr

Cymerir dŵr i mewn i'r corff yn fwyd a diod ac fe'i <u>collir</u> o'r corff mewn <u>tair ffordd</u>:

1) yn y <u>troeth</u>   2) mewn <u>chwys</u>   3) mewn <u>anadl</u>.

Eto, mae angen i'r corff <u>gydbwyso</u> y dŵr sy'n dod i mewn a'r dŵr sy'n mynd allan yn gyson. Mae faint o ddŵr a gollir wrth anadlu yn aros yn weddol gyson, sy'n golygu bod <u>cydbwysedd y dŵr</u> yn digwydd rhwng:

1) Yr hylifau a <u>gymerir i mewn</u>
2) Faint gaiff ei <u>chwysu allan</u>
3) Faint gaiff ei <u>ollwng gan yr arennau</u> yn y <u>troeth</u>.

<u>Ar ddiwrnod oer</u>, os <u>na fyddwch yn chwysu</u>, byddwch yn cynhyrchu <u>mwy o droeth</u> a fydd yn <u>olau a gwanedig</u>. <u>Ar ddiwrnod cynnes</u>, byddwch yn <u>chwysu llawer</u>, bydd eich troeth yn <u>dywyll</u> a <u>chrynodedig</u> ac <u>ni fydd llawer ohono</u>. Rhaid i'r dŵr a gollir pan fydd hi'n gynnes gael ei gymryd i mewn yn fwyd a diod er mwyn adfer y cydbwysedd.

Faint Wyddoch Chi am yr Arennau? – dwi eisiau gwybod ...

Mae llawer i'w ddysgu ar y dudalen hon. Dysgwch y tri phennawd, yna <u>cuddiwch y dudalen</u>, ysgrifennwch nhw ar bapur a gwnewch <u>draethawd byr</u> am bob un. Yna edrychwch ar y dudalen i weld a anghofioch chi rywbeth. <u>Gwnewch hyn eto</u>. Dysgwch y diagram hefyd yn yr un modd.

Rheoli Tymheredd y Corff

1) Mae'r ensymau yng nghelloedd y corff dynol yn gweithio orau ar dymheredd o 37°C.
2) Mae gan y croen dri thric ar gyfer rheoli tymheredd y corff:

Mae gan y Croen Dri Thric ar gyfer Newid Tymheredd y Corff

Pan fyddwch yn RHY BOETH:

1) Bydd y blew yn gorwedd yn wastad.
2) Cynhyrchir chwys i'ch oeri.
3) Bydd y cyflenwad gwaed i'r croen yn ymledu i ryddhau gwres y corff. Gelwir hyn yn fasoymlediad.

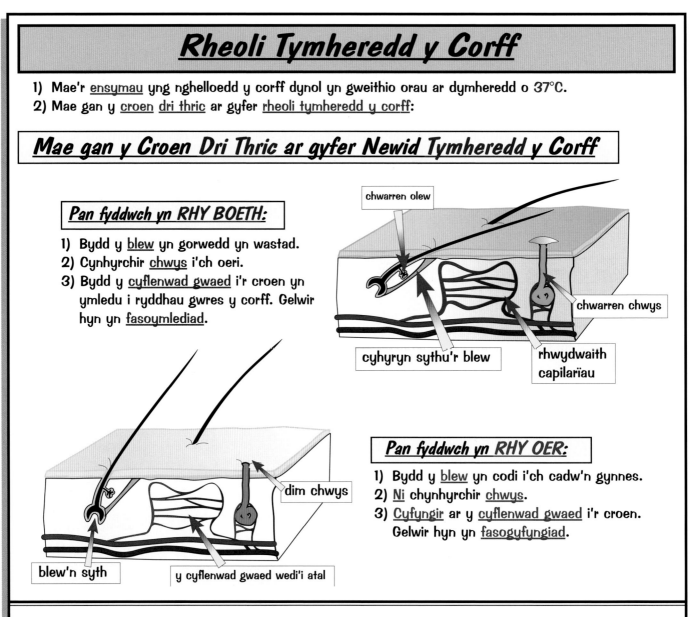

chwarren olew

chwarren chwys

cyhyryn sythu'r blew

rhwydwaith capilarïau

dim chwys

Pan fyddwch yn RHY OER:

1) Bydd y blew yn codi i'ch cadw'n gynnes.
2) Ni chynhyrchir chwys.
3) Cyfyngir ar y cyflenwad gwaed i'r croen. Gelwir hyn yn fasogyfyngiad.

blew'n syth

y cyflenwad gwaed wedi'i atal

Pan ydych yn Oer mae eich Corff yn Cynyddu Metabolaeth

Gall eich corff gynhyrchu gwres ychwanegol pan fydd ei angen. Mae'n gwneud hyn mewn dwy ffordd:

> 1) Cynyddu gweithgaredd yr afu/iau
> 2) Crynu.

Mae'r ddau'n cynhyrchu gwres y tu mewn i'r corff drwy gynyddu metabolaeth (h.y. trawsnewid mwy o egni).

Yn Realistig dydy Blew'n Sythu yn gwneud Dim Gwahaniaeth i Fodau Dynol

Pan fyddwch yn cael "croen gŵydd", a'ch blew yn sefyll i fyny'n syth, nid yw'n eich cadw'n fwy cynnes mewn gwirionedd, gan nad oes gennych lawer o flew ar eich cyrff. Mae'n deillio o'r adeg pan oedd gennym gyrff blewog.
Ond mewn Arholiad dylech ei nodi i ennill y marciau.

Y dyddiau yma byddwn yn rhoi mwy o haenau o ddillad amdanom, i ddal mwy o haenau o aer, am fod aer yn gweithredu fel ynysydd os caiff ei ddal i mewn heb allu symud. – DYSGWCH y manylion hyn.

Cymaint i'w ddysgu – peidiwch â gadael iddo fynd yn dân ar eich croen ...

Mae tua 15 o ffeithiau pwysig i'w dysgu ar y dudalen hon, ynghyd â dau ddiagram rhagorol.
Dysgwch benawdau pob adran, cuddiwch y dudalen ac ysgrifennwch y manylion.

Clefydau mewn Bodau Dynol

Mae dau fath o Ficro-organebau: Bacteria a Firysau

Organebau sy'n mynd y tu mewn i chi ac yn gwneud i chi deimlo'n sâl yw micro-organebau.
Mae dau brif fath:

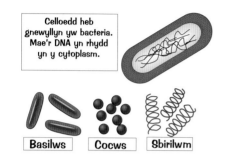

Celloedd heb gnewyllyn yw bacteria. Mae'r DNA yn rhydd yn y cytoplasm.

Basilws | Cocws | Sbirilwm

Celloedd byw bach iawn yw Bacteria.

1) Mae'r rhain yn gelloedd bach iawn, (tua 1/100fed rhan o faint celloedd eich corff chi), sy'n atgynhyrchu'n gyflym y tu mewn i'ch corff.

2) Mae'n nhw'n gwneud i chi deimlo'n sâl drwy wneud dau beth:

   a) niweidio eich celloedd   b) cynhyrchu gwenwynau.

3) Cofiwch fod rhai bacteria'n ddefnyddiol yn y man iawn, megis yn eich system dreulio.

Nid celloedd yw Firysau – maent yn llai o lawer

1) Nid celloedd yw'r rhain. Maen nhw'n fach iawn iawn, tua 1/100fed rhan o faint bacteriwm.
2) Dydyn nhw'n ddim mwy na chôt o brotein o amgylch edefyn DNA.
3) Maent yn gwneud i chi deimlo'n sâl drwy niweidio eich celloedd.
4) Maent yn dyblygu eu hunain drwy ymwthio i gnewyllyn cell a defnyddio'r DNA sydd yno i gynhyrchu copïau ohonynt eu hunain.
5) Yna bydd y gell yn ffrwydro, gan ryddhau'r holl firysau newydd.
6) Yn y modd hwn gallant atgynhyrchu'n gyflym iawn.

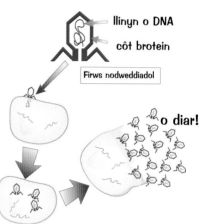

llinyn o DNA

côt brotein

Firws nodweddiadol

o diar!

Tair ffordd y gall y corff amddiffyn ei hun rhag micro-organebau

Gall micro-organebau ddod i mewn i'n cyrff mewn gwahanol ffyrdd, ond mae gennym rai amddiffynfeydd.

1) Y Croen a'r Llygaid

Mae croen sydd heb ei niweidio yn rhwystr effeithiol iawn rhag micro-organebau. Os caiff ei niweidio, bydd y gwaed yn tolchi yn gyflym iawn i selio toriadau a chadw'r micro-organebau allan. Mae'r llygaid yn cynhyrchu cemegyn sy'n lladd bacteria ar wyneb y llygad.

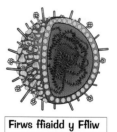

Firws ffiaidd y Ffliw

2) Y System Dreulio

Gall micro-organebau fynd i mewn i'ch corff os byddwch yn bwyta bwyd sydd wedi'i halogi ac yn yfed dŵr budr. Mae'r stumog yn cynhyrchu asid hydroclorig cryf sy'n lladd y rhan fwyaf o'r micro-organebau a ddaw i mewn fel hyn.

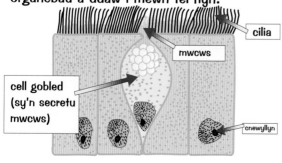

cilia

mwcws

cell gobled (sy'n secretu mwcws)

cnewyllyn

3) Y System Anadlu

Mae'r llwybr anadlu (y ceudod trwynol, y tracea, a'r ysgyfaint) wedi'i leinio â mwcws a chilia sy'n dal llwch a bacteria cyn iddynt gyrraedd yr ysgyfaint.

Ymladd Clefyd

Unwaith y bydd micro-organebau yn ein cyrff byddant yn atgynhyrchu'n gyflym os na chânt eu dinistrio. Eich system imiwn fydd yn gwneud hynny a chelloedd gwyn y gwaed yw'r rhan bwysicaf o'r system honno.

Eich System Imiwn: Celloedd Gwyn y Gwaed

Cânt eu cludo gan y gwaed i bob rhan o'ch corff, yn chwilio am ficro-organebau. Pan fyddant yn dod ar draws micro-organebau sydd wedi treiddio i mewn i'ch corff, gallant ddefnyddio tri dull i ymosod arnynt:

1) Eu Treulio

Gall celloedd gwyn y gwaed amlyncu celloedd dieithr a'u treulio.

2) Cynhyrchu Gwrthgyrff

Pan fydd celloedd gwyn y gwaed yn dod ar draws cell ddieithr, byddant yn dechrau cynhyrchu cemegion, o'r enw gwrthgyrff, i ladd y celloedd ymwthiol newydd. Yna cynhyrchir y gwrthgyrff yn gyflym a byddant yn llifo drwy'r corff i ladd pob bacteriwm neu firws tebyg.

3) Cynhyrchu Gwrthwenwynau

Mae gwrthwenwynau yn gwrthsefyll effaith unrhyw wenwynau (tocsinau) a gynhyrchir gan y bacteria sy'n ymwthio i'ch corff.

Imiwneiddio – cynhyrchu gwrthgyrff ymlaen llaw

1) Wedi i'ch celloedd gwyn gynhyrchu gwrthgyrff i ymdrin â hil newydd o facteria neu firws, dywedir eich bod wedi datblygu "imiwnedd naturiol" iddo.
2) O ganlyniad os cewch eich heintio gan yr un micro-organebau yn y dyfodol fe gânt eu lladd ar unwaith gan y gwrthgyrff sydd gennych eisoes ar eu cyfer, ac ni fyddwch yn sâl.
3) Ond pan fydd micro-organeb newydd yn ymddangos, mae'n cymryd ychydig ddiwrnodau i'ch celloedd gwyn gynhyrchu'r gwrthgyrff i ymdrin â nhw. Yn yr amser hwnnw gallech fod yn sâl iawn.
4) Mae sawl clefyd sy'n gallu gwneud i chi fod yn wirioneddol sâl (e.e. polio, tetanws, y frech goch). Dim ond imiwneiddio all eich amddiffyn rhagddynt.
5) Mae imiwneiddio'n golygu chwistrellu micro-organebau marw i mewn i chi. Mae hyn yn achosi i'ch corff gynhyrchu gwrthgyrff er mai micro-organebau marw ydynt. Ni allant wneud niwed i chi am eu bod wedi marw.
6) Ond os bydd micro-organebau byw o'r un fath yn ymddangos ar ôl hynny, fe gânt eu lladd ar unwaith cyn iddynt allu gwneud niwed i chi. Cŵl.

Mae gwrthfiotigau'n lladd bacteria ond nid firysau.

1) Cyffuriau sy'n lladd bacteria heb ladd celloedd eich corff yw gwrthfiotigau.
2) Maent yn ddefnyddiol iawn ar gyfer clirio heintiau sy'n creu trafferth i'ch corff.
3) Fodd bynnag, nid ydynt yn lladd firysau.
   Achosir y ffliw ac anwydau gan firysau, felly rydych ar eich pen eich hun.
4) Does dim cyffuriau i ladd firysau. Rhaid i chi aros i'ch corff ymdrin a'r broblem a dioddef yn y cyfamser.
5) Ond mae hynny'n well na chael eich cnoi gan chwannen fawr.

Firws ffiaidd y Ffliw

Chwannen fawr fwy ffiaidd fyth

Rhaid cael hyn 'imiwn' i'ch cof ...

Dwy dudalen y tro hwn sy'n bendant yn ddeunydd "traethawd byr". Pedair adran a sawl isadran. Ysgrifennwch draethawd byr am bob isadran, yna gwiriwch beth ydych wedi ei anghofio.

Cyffuriau

1) Sylweddau sy'n newid y ffordd y mae'r corff yn gweithio yw cyffuriau. Wrth gwrs, mae rhai cyffuriau'n ddefnyddiol, e.e. gwrthfiotigau megis penisilin. Ond mae llawer o gyffuriau sy'n beryglus os cânt eu camddefnyddio, a bydd llawer ohonynt yn achosi i'r sawl sy'n eu cymryd fynd yn gaeth iddynt, h.y. gorfod eu cymryd yn rheolaidd.

2) Mae llawer o gyffuriau'n achosi i berson golli rheolaeth a'r gallu i farnu'n iawn. Gall hynny arwain at farwolaeth o ganlyniad i ffactorau eraill, e.e. dal HIV neu hepatitis o nodwyddau sydd wedi cael eu defnyddio eisoes, tagu ar gyfog, a.y.b.

Mae dau fath o Gaethiwed – Cemegol a Seicolegol

1) Mae gwahaniaeth rhwng gwir gaethiwed cemegol a chaethiwed seicolegol.

2) Yn achos caethiwed cemegol mae'r corff yn addasu ei hun i bresenoldeb cyson y cyffur yn y system. Os cymerir y cyffur ymaith, bydd yr unigolyn yn dioddef o wahanol symptomau diddyfnu corfforol amhleserus: twymyn, rhithweledigaethau, cyfog a chrynu mawr.

3) Yn achos caethiwed seicolegol mae'r person yn "teimlo'r angen" i barhau i gymryd y cyffur.

Symbylyddion

1) Mae symbylyddion yn tueddu i wneud i'r system nerfol fod yn fwy effro yn gyffredinol.

2) Mae caffein yn symbylydd gwan a geir mewn te a choffi. Mae'n eithaf diniwed. Ychydig o fywydau a gaiff eu dinistrio o yfed te yn obsesiynol.

3) Fodd bynnag, mae amffetamin a methedrin hefyd yn symbylyddion.

4) Bydd symbylyddion cryf fel y rhain yn creu'r ymdeimlad bod gan yr unigolyn sy'n eu cymryd egni diddiwedd. Gall peidio a'u cymryd, fodd bynnag, arwain at iselder difrifol. Fel hyn felly, yn rhy hawdd o lawer, y bydd dibyniaeth afiach yn datblygu. Gall parhau i'w defnyddio achosi rhithweledigaethau a newidiadau mewn personoliaeth.

Mae tawelyddion yn tueddu i wneud i'r system nerfol ymateb yn arafach, gan achosi adweithiau araf a diffyg yng ngallu'r person i farnu cyflymder, pellter a.y.b. Gweler "Alcohol" ar y dudalen nesaf.

Cyffuriau Lleddfu Poen – Asbirin, Heroin, a Morffin

1) Mae heroin yn gyffur arbennig o gas. Mae'n achosi dirywiad difrifol ym mhersonoliaeth yr unigolyn. Wrth i'r caethiwed gynyddu bydd holl fywyd yr unigolyn yn dirywio'n un ymdrech fawr i gael arian i sicrhau digon o heroin bob dydd, gan arwain at fywyd o droseddu.

2) Mae morffin hefyd yn gaethiwus iawn.

3) Mae asbirin yn ddefnyddiol ar gyfer sawl mân anhwylder ond, o'i orddefnyddio, bydd yr effeithiau'n niweidiol.

Hydoddyddion

1) Fe geir hydoddyddion mewn amryw o bethau o gwmpas y cartref, e.e. glud, paent, a.y.b.

2) Maent yn beryglus ac yn niweidiol i'ch corff a'ch personoliaeth.

3) Maent yn achosi rhithweledigaethau ac yn effeithio'n andwyol ar bersonoliaeth ac ymddygiad.

4) Maent yn achosi niwed i'r ysgyfaint, yr ymennydd, yr afu/iau a'r arennau.

Dysgwch am y cyffuriau hyn ac yna anghofiwch amdanynt ...

Bydd unrhyw un hanner call yn osgoi'r cyffuriau hyn fel pla.
Mwynhewch eich bywyd. Peidiwch â rhoi unrhyw gyfle i'r cyffuriau hyn gael eu bachau ynoch.

Cyffuriau

1) Alcohol a thybaco yw'r ddau brif gyffur (nad ydynt yn feddygol) sy'n gyfreithlon yn y wlad hon.
2) Ond peidiwch â chael eich twyllo. Gallant wneud llawer o niwed i chi yn union fel cyffuriau eraill.

Alcohol

1) Prif effaith alcohol yw lleihau gweithgaredd y system nerfol. Yr agwedd gadarnhaol ar hyn yw ei fod yn gwneud i berson deimlo'n llai swil. O'i gymryd yn gymedrol mae alcohol yn helpu pobl i gymdeithasu ac ymlacio gyda'i gilydd.
2) Fodd bynnag, os gadewch i alcohol eich meddiannu, gall ddinistrio'ch bywyd. Mae wedi gwneud hynny i fywydau llawer o bobl. Mae'n rhaid i'r unigolyn ei reoli.
3) Pan fydd alcohol yn dechrau meddiannu bywyd unigolyn, bydd llawer o effeithiau niweidiol:
   a) Yn y bôn mae alcohol yn wenwynig. Bydd yfed gormod ohono'n achosi niwed difrifol i'r afu/iau a'r ymennydd gan achosi clefyd yr afu/iau a gostyngiad sylweddol yng ngweithrediad yr ymennydd.
   b) Bydd gormod o alcohol yn amharu ar y gallu i farnu. Gall hyn achosi damweiniau. Gall hefyd effeithio'n ddifrifol ar fywyd yr unigolyn yn ei waith ac yn y cartref.
   c) Gall dibynnu'n ormodol ar alcohol arwain yn y pen draw at golli swydd, colli incwm a throedio llwybr ar i lawr.

Ysmygu Tybaco

Dydy ysmygu ddim yn gwneud lles i neb ond y cwmnïau sigarennau.

Unwaith i chi ddechrau ysmygu, does dim troi'n ôl. Taith un ffordd yw hi.

Fe sylwch hefyd nad yw ysmygwyr fymryn yn hapusach na phobl nad ydynt yn ysmygu, hyd yn oed pan fyddant yn ysmygu. Gall beth sy'n dechrau fel rhywbeth "gwahanol" i'w wneud, yn fuan iawn droi yn rhywbeth y bydd yn rhaid ei wneud, er mwyn teimlo'n iawn. Ond mae pobl nad ydynt yn ysmygu yn teimlo llawn cystal heb wario £20 neu fwy bob wythnos a dinistrio'u hiechyd yn y broses.

Pam mae pobl yn dechrau ysmygu? Er mwyn creu delwedd arbennig – ac mae'n ymddangos bod ysmygu'n ategolyn ffasiynol delfrydol.

Wel, cofiwch hyn – does dim troi'n ôl. Mae'n bosib y byddwch yn credu eich bod yn edrych yn cŵl yn ysmygu'n 16 oed, ond meddyliwch amdanoch chi'ch hun yn 20 oed gyda grŵp newydd o ffrindiau nad ydynt yn ysmygu. A fyddwch am newid? Rhy hwyr. Byddwch yn gaeth iddo.

Erbyn 60 oed bydd ysmygu wedi costio mwy na £40,000 i chi. Digon i brynu Ferrari neu dŷ newydd. Ategolyn ffasiynol go ddrud!!

Ysmygu? Cŵl? Dim o bell ffordd.

O, gyda llaw ...

Mae tybaco'n gwneud hyn y tu mewn i'ch corff chi:

1) Mae'n gollwng haen o dar y tu mewn i'ch ysgyfaint a fydd yn eu gwneud nhw'n hollol aneffeithlon.
2) Mae'n gorchuddio'r cilia â thar gan eu rhwystro rhag cael bacteria allan o'ch ysgyfaint.
3) Mae'n achosi clefyd yn y galon a'r pibellau gwaed, gan arwain at drawiad ar y galon a strôc.
4) Mae'n achosi canser yr ysgyfaint. O bob deg claf sydd â'r clefyd hwn, mae naw yn ysmygu.

Mae ysmygu yn staenio dannedd yn felyn. Ni fydd brwsho yn gwneud unrhyw wahaniaeth.

5) Mae'n achosi gostyngiad difrifol yng ngweithrediad yr ysgyfaint, gan arwain at glefydau megis emffysema a broncitis. Mae'r rhain fwy neu lai'n dinistrio'r tu mewn i'r ysgyfaint. Ni all pobl sydd a broncitis hyd yn oed gerdded yn sionc, am na all eu hysgyfaint lwyddo i gael digon o ocsigen i mewn i'w gwaed. Yn y pen draw mae'n lladd mwy nag 20,000 o bobl ym Mhrydain bob blwyddyn.
6) Mae'r carbon monocsid mewn mwg tybaco yn atal haemoglobin rhag cludo cymaint o ocsigen. Mewn merched beichiog mae llai o ocsigen yn cyrraedd y ffoetws sy'n arwain at faban llai o faint ar enedigaeth. Mewn geiriau arall "mae ysmygu yn tagu'r baban".
7) Ond dyma'r rhan orau. Ychydig o effaith a gaiff y nicotin arnoch – ar wahân i'ch gwneud chi'n gaeth iddo, ac yn ddibynnol arno. Chwarae teg.

Dysgwch y pwyntiau sydd wedi'u rhifo ar gyfer eich Arholiad ...

Mae'r Arholiad yn canolbwyntio ar yr ochr glefydau yn bennaf. Dysgwch y gweddill i fyw'n iach.

Crynodeb Adolygu Adran Pedwar

Gall rhannau o adran pedwar fod yn anodd eu deall. Ond mae'n werth eu dysgu er mwyn ennill marciau yn yr Arholiad. Lluniwyd y cwestiynau canlynol i brofi'r hyn a wyddoch. Maent yn go anodd, ond mae'n ffordd dda o adolygu. Rhowch gynnig ar y cwestiynau dro ar ôl tro. Os cewch drafferth, edrychwch eto ar y rhan berthnasol yn Adran Pedwar a dysgwch yr atebion ar gyfer y tro nesaf.

1) Lluniwch ddiagram o'r corff a labelwch y pedwar man lle y cynhyrchir hormonau. Rhowch fanylion am yr hyn a wneir gan bob hormon.
2) Rhowch y diffiniad cywir o hormon.
3) Rhowch bedwar o fanylion i gymharu nerfau â hormonau.
4) Rhowch fanylion cryno am y pedwar cam yng nghylchred fislifol benywod.
5) Brasluniwch y diagram sy'n dangos cyflwr leinin y groth yn ystod pob cam.
6) Enwch y ddau brif hormon sy'n ymwneud â chylchred fislifol benywod.
7) Brasluniwch y diagram sy'n dangos leinin y groth ynghyd â'r graff sy'n dangos lefelau'r ddau hormon dros y 28 diwrnod. Nodwch pa hormon sy'n achosi pa ran o'r gylchred.
8) Rhowch rai manylion ynglŷn â sut y defnyddir hormonau i hybu ffrwythlondeb.
9) Pa hormon a ddefnyddir yn "Y Bilsen Atal Cenhedlu" a sut mae'n gweithio.
10) Esboniwch beth sy'n digwydd gydag inswlin pan fydd lefel y siwgr yn y gwaed yn rhy uchel ac yn rhy isel.
11) Lluniwch ddiagramau i ddangos beth yn union sy'n digwydd yn y ddwy sefyllfa.
12) Beth sy'n digwydd gyda diabetes (clefyd siwgr)? Beth yw'r ddau fath o driniaeth? Cymharwch nhw.
13) Beth yw'r ddau fath o ficro-organeb? Pa mor fawr ydynt o'u cymharu â chell ddynol?
14) Sut mae bacteria'n eich gwneud chi'n sâl? Brasluniwch dri bacteriwm cyffredin.
15) Beth mae firysau'n ei wneud y tu mewn i chi er mwyn atgynhyrchu? Defnyddiwch frasluniau.
16) Beth yw'r tair ffordd y mae'r corff yn ein hamddiffyn rhag microbau?
17) Beth yw ystyr eich "system imiwnedd"? Beth yw'r rhan bwysicaf ohoni?
18) Rhestrwch y tair ffordd y gall celloedd gwyn y gwaed ymdrin â microbau sy'n ymwthio i'ch corff.
19) Lluniwch ddiagramau i ddangos dwy o'r ffyrdd hyn.
20) Beth yw gwrthfiotigau? Ar beth y byddant yn gweithio? Ar beth na fyddant yn gweithio?
21) Beth yw'r ddau fath o gaethiwed i gyffuriau?
22) Rhestrwch y pum math gwahanol o "gyffur" gydag enghreifftiau o bob un. Rhestrwch beryglon pob math.
23) Eglurwch beryglon yfed alcohol.
24) Eglurwch pam nad yw ysmygu'n beth cŵl.
25) Rhestrwch yn fanwl y pum problem iechyd mawr sy'n deillio o ysmygu.
26) Rhowch y diffiniad cywir o homeostasis.
27) Beth yw'r chwe lefel gorfforol sy'n ymwneud â homeostasis.
28) Pa dri phrif beth y mae'r croen yn ei wneud ar eich cyfer?
29) Lluniwch ddiagram o'r corff yn dangos y saith organ sy'n ymwneud â homeostasis.
30) Beth yw swyddogaeth sylfaenol yr arennau?
31) Pa dri pheth penodol y mae'r arennau yn ymdrin â nhw?
32) Beth yw wrea? O ble mae'n dod? I ble mae'n mynd yn y diwedd?
33) Eglurwch yn fanwl yr hyn y mae'r arennau yn ei wneud gydag ïonau, megis halwyn, yn y gwaed.
34) Pa dri pheth sy'n ymwneud â chydbwysedd dŵr yn ein cyrff?
35) Pa dymheredd mae ensymau'r corff yn ei hoffi?
36) Lluniwch ddiagramau yn dangos y tri pheth a wna'r croen pan fyddwn a) yn rhy gynnes b) yn rhy oer.
37) Beth arall a wna ein cyrff i gadw'n gynnes? Beth arall a wnawn ni i gadw'n gynnes?

Amrywiad mewn Planhigion ac Anifeiliaid

1) Mae planhigion ac anifeiliaid ifanc yn amlwg yn <u>debyg</u> i'w <u>rhieni</u>. Mewn geiriau eraill maent yn dangos <u>nodweddion tebyg</u> e.e. dail danheddog, neu aeliau perffaith.

2) Er hynny gall planhigion ac anifeiliaid ifanc hefyd fod yn <u>wahanol</u> i'w rhieni ac i'w gilydd.

3) Gall y tebygrwydd a'r gwahaniaethau yma arwain at <u>amrywiad</u> o fewn yr un rhywogaeth.

4) Mae'r gair "<u>amrywiad</u>" yn swnio yn llawer rhy ffansi. Ystyr y gair "amrywiad" yw sut y mae anifeiliaid neu blanhigion o'r un rhywogaeth yn <u>edrych</u> neu'n <u>ymddwyn</u> ychydig yn wahanol i'w gilydd. Hynny yw, ychydig yn <u>dalach</u> neu ychydig yn <u>dewach</u> neu ychydig yn fwy <u>dychrynllyd i edrych arno</u> a.y.b.

Mae <u>dau</u> ffactor sy'n achosi amrywiad: Amrywiad Genetig ac Amrywiad Amgylcheddol.

Darllenwch a dysgwch ...

1) Amrywiad Genetig

Fe wyddoch hyn eisoes.

1) Mae <u>pob anifail</u> (gan gynnwys bodau dynol) yn siŵr o fod ychydig yn wahanol i'w gilydd am fod eu <u>genynnau</u> ychydig yn wahanol.

2) Genynnau yw'r cod sydd ym mhob un o'ch celloedd sydd yn pennu'r math o gorff sydd gennych. Mae gan bawb set o enynnau sydd ychydig yn wahanol.

3) Yr <u>eithriadau</u> i'r rheol hon yw <u>efeilliaid unfath</u>, am fod eu genynnau yn <u>union yr un fath</u>.

Ond dyw hyd yn oed efeilliaid unfath ddim yn <u>gwbl unfath</u> – a hynny oherwydd y ffactor arall:

2) Amrywiad Amgylcheddol

Os nad ydych yn siŵr o ystyr "<u>amgylchedd</u>", cofiwch y term "<u>magwraeth</u>" – sydd fwy neu lai yr un peth – sut a ble y cawsoch eich magu.

Rydym yn gwybod bod <u>genynnau'r efeilliaid</u> yr <u>un fath</u>. Felly, <u>rhaid</u> bod unrhyw wahaniaethau rhyngddynt yn cael eu hachosi gan wahaniaethau bach <u>yn eu hamgylchedd</u> drwy gydol eu hoes.

Mae <u>efeilliaid</u> yn rhoi syniad go dda i ni o bwysigrwydd y <u>ddau ffactor</u> (genynnau ac amgylchedd), o'u cymharu a'i gilydd, ar gyfer anifeiliaid o leiaf – mae planhigion bob amser yn dangos llawer <u>mwy o amrywiad</u> o ganlyniad i wahaniaethau yn eu hamgylchedd nag y gwna anifeiliaid, fel yr eglurir isod.

Mae Amrywiad Amgylcheddol mewn Planhigion yn Fwy o Lawer

Mae'r canlynol yn effeithio'n helaeth ar blanhigion:

1) <u>Tymheredd</u>
2) <u>Golau haul</u>
3) <u>Lefel y lleithder</u>
4) <u>Cyfansoddiad y pridd</u>

Er enghraifft, gall planhigion dyfu <u>ddwywaith mor fawr</u> neu <u>ddwywaith mor gyflym</u> o ganlyniad i newidiadau <u>gweddol ddi-nod</u> yn yr amgylchedd, megis faint o <u>olau haul</u> neu faint o <u>law</u> a gânt, neu pa mor <u>gynnes</u> yw hi neu pa fath o <u>bridd</u> sydd yno.

Ar y llaw arall, gallai cath a anwyd ac a fagwyd yng Ngogledd Cymru, er enghraifft, gael ei hanfon i fyw yn Affrica gyhydeddol ac ni fyddai'n dangos unrhyw newidiadau sylweddol – byddai'n edrych yr un fath, yn bwyta'r un fath ac yn dal i daflu i fyny ymhobman.

Amrywiad mewn Planhigion ac Anifeiliaid

Amrywiad Amgylcheddol mewn Anifeiliaid

Maent yn hoffi holi cwestiynau mewn Arholiadau am effeithiau'r amgylchedd ar anifeiliaid.

Yn aml byddant yn gofyn pa nodweddion dynol neu anifail anwes y gallai eu hamgylchedd (h.y. y ffordd y cawsant eu "magu") effeithio arnynt.

Mewn gwirionedd bydd magwraeth yn effeithio ar bron pob agwedd o berson (neu anifail) mewn rhyw fodd, pa mor fach bynnag y bo. Mae'n haws rhestru'r ychydig ffactorau na fydd yr amgylchedd yn effeithio arnynt:

Pedwar o Nodweddion Anifeiliaid Na Fydd yr Amgylchedd yn effeithio amynt o gwbl:

1) Lliw'r llygaid

2) Lliw'r gwallt yn y rhan fwyaf o anifeiliaid (ond nid pobl, lle mae balchder yn chwarae rhan fawr).

3) Clefydau etifeddol megis haemoffilia, ffibrosis y bledren a.y.b.

4) Grŵp gwaed.

A dyna ni! Dysgwch y pedwar hyn rhag ofn iddynt ofyn i chi.

Cyfuniad o Amrywiad Genetig ac Amgylcheddol

Mae pob nodwedd arall yn cael ei benderfynu gan gymysgedd o ffactorau genetig ac amgylcheddol: Pwysau'r corff, taldra, lliw'r croen, cyflwr y dannedd, gallu academaidd neu athletaidd, a.y.b.

Y peth anodd yw gweld pa mor bwysig y mae ffactorau amgylcheddol ar gyfer y nodweddion eraill hyn.

Er enghraifft ...

dychmygwch fod yr ysbyty wedi gwneud camgymeriad ac y cawsoch eich magu mewn cartref cwbl wahanol i'ch cartref chi. Pa mor wahanol fyddech chi nawr? Nid yw'n hawdd dweud faint o'ch corffolaeth ac (yn bwysicach) faint o'ch personoliaeth sy'n ganlyniad i enynnau a faint sy'n ganlyniad i fagwraeth (amgylchedd).

Francis Galton – A yw Deallusrwydd yn cael ei Etifeddu

Gwers Hanes mewn Bioleg – DYSGWCH HWN

Roedd Francis Galton yn fyw o 1822 i 1911. Trwy wneud llawer iawn o arbrofion daeth i'r farn bod deallusrwydd yn cael ei benderfynu gan enynnau, er iddo gyfaddef bod cymhelliant yn effeithio ar y canlyniadau. Mewn geiriau cyffredin: "Mae gallu pobl yn dibynnu ar eu rhieni, ond nid yw pawb yn defnyddio eu gallu". Yna aeth ymlaen i ddweud y dylai pobl alluog briodi pobl alluog arall, er mwyn cynyddu nifer y bobl alluog.

Y dyddiau yma y farn yw bod geneteg yn penderfynu beth allai lefel uchaf eich deallusrwydd fod ... Ond, ac mae'n OND fawr, nid oes neb yn cyrraedd ei ddeallusrwydd uchaf posibl. Mae hyn yn golygu bod ffactorau amgylcheddol (megis addysg) yn chwarae rhan fawr ym mha mor agos yr ydych i gyrraedd eich lefel uchaf posib o ddeallusrwydd.

Mewn amgylchedd pleserus dysgwch y ffeithiau ...

Mae saith adran ar y ddwy dudalen hyn. Pan gredwch eich bod wedi dysgu'r cyfan, cuddiwch y tudalennau a lluniwch "draethawd byr" am bob adran. Yna edrychwch i weld pa bwyntiau pwysig a anghofiwyd gennych.

Genynnau, Cromosomau a DNA

I lwyddo gyda'r pwnc hwn rhaid dysgu'r geiriau hyn a'u hystyr. <u>Rhaid i chi sicrhau eich bod yn gwybod</u> beth yn union yw <u>cromosomau</u> a ble maent wedi eu lleoli, a beth yw genyn a ble mae <u>genyn</u> wedi ei leoli.

Dysgwch beth yw genynnau a chromosomau a pha le maent wedi'u lleoli:

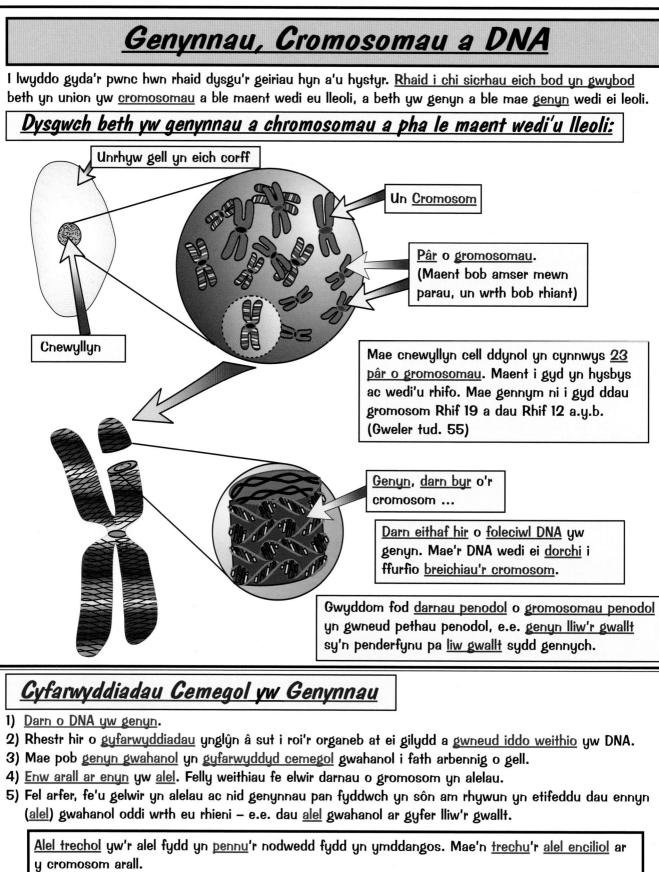

Unrhyw gell yn eich corff

Un <u>Cromosom</u>

Pâr o <u>gromosomau</u>.
(Maent bob amser mewn parau, un wrth bob rhiant)

Cnewyllyn

Mae cnewyllyn cell ddynol yn cynnwys <u>23 pâr o gromosomau</u>. Maent i gyd yn hysbys ac wedi'u rhifo. Mae gennym ni i gyd ddau gromosom Rhif 19 a dau Rhif 12 a.y.b. (Gweler tud. 55)

<u>Genyn</u>, <u>darn byr</u> o'r cromosom ...

<u>Darn eithaf hir</u> o <u>foleciwl DNA</u> yw genyn. Mae'r DNA wedi ei <u>dorchi</u> i ffurfio <u>breichiau'r cromosom</u>.

Gwyddom fod <u>darnau penodol</u> o <u>gromosomau penodol</u> yn gwneud pethau penodol, e.e. <u>genyn lliw'r gwallt</u> sy'n penderfynu pa <u>liw gwallt</u> sydd gennych.

Cyfarwyddiadau Cemegol yw Genynnau

1) <u>Darn o DNA yw genyn</u>.
2) Rhestr hir o <u>gyfarwyddiadau</u> ynglŷn â sut i roi'r organeb at ei gilydd a <u>gwneud iddo weithio</u> yw DNA.
3) Mae pob <u>genyn gwahanol</u> yn <u>gyfarwyddyd cemegol</u> gwahanol i fath arbennig o gell.
4) <u>Enw arall ar enyn</u> yw <u>alel</u>. Felly weithiau fe elwir darnau o gromosom yn alelau.
5) Fel arfer, fe'u gelwir yn alelau ac nid genynnau pan fyddwch yn sôn am rhywun yn etifeddu dau ennyn (alel) gwahanol oddi wrth eu rhieni – e.e. dau <u>alel</u> gwahanol ar gyfer lliw'r gwallt.

> <u>Alel trechol</u> yw'r alel fydd yn <u>pennu</u>'r nodwedd fydd yn ymddangos. Mae'n <u>trechu</u>'r <u>alel enciliol</u> ar y cromosom arall.
> <u>Alel enciliol</u> yw'r <u>alel</u> <u>na fydd</u> fel arfer yn effeithio ar sut olwg fydd ar yr organeb am fod yr alel <u>trechol</u> yn drech nag ef (yn eithaf amlwg).

Ni fydd dysgu hyn yn anodD NA fydd wir ...

Tudalen hawdd iawn ei dysgu ddwedwn i. Beth ydych chi'n feddwl? Gallech ddysgu'r holl dudalen gyda'ch clustiau wedi'u clymu y tu ôl i'ch pen. <u>Cuddiwch y dudalen</u>, a <u>nodwch</u> ar bapur y diagramau a'r manylion.

Ffrwythloni: Gametau'n Cyfarfod

Mae 23 Pâr o Gromosomau Dynol

Mae nhw'n hysbys ac wedi'u rhifo. Yng nghnewyllyn pob cell mae gennym ddau gromosom o bob math. Mae'r diagram yn dangos y 23 pâr o gromosomau o gell ddynol. Mae un cromosom ym mhob pâr wedi'i etifeddu o bob rhiant. Mae gan gelloedd normal y corff 46 cromosom, sef 23 pâr homologaidd.

Ystyr "homologaidd" yw bod y ddau gromosom ym mhob pâr yn cyfateb i'w gilydd. Hynny yw, mae'r cromosomau rhif 19 o'r ddau riant yn paru â'i gilydd, fel y gwna'r cromosomau rhif 17 a.y.b. Yr hyn na chewch yw'r cromosom rhif 12 o'r naill riant yn paru â, dyweder, y cromosom rhif 5 o'r rhiant arall.

Mae Celloedd Atgenhedlu yn mynd trwy Feiosis i Gynhyrchu Gametau:

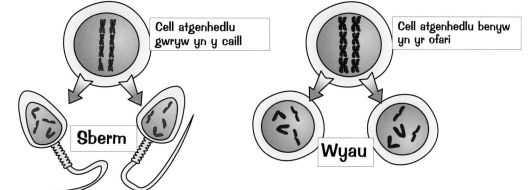

Cell atgenhedlu gwryw yn y caill

Cell atgenhedlu benyw yn yr ofari

Sberm

Wyau

Cofiwch fod gan y gametau un cromosom yn unig i ddisgrifio pob darn ohonoch, un copi o bob un o'r cromosomau wedi'u rhifo 1 i 23. Ond mae angen dau gromosom o bob math ar gell normal – un o bob rhiant, felly …

Ffrwythloniad yw Uniad y Gametau

Dyma ddiffiniad i chi ei ddysgu:

> **FFRWYTHLONIAD yw uniad y gametau haploid gwrywaidd a benywaidd, i adnewyddu y nifer diploid o gromosomau yn y sygot.**

Yn syml, mae ffrwythloniad yn digwydd pan fo'r sberm a'r wy, â 23 cromosom yr un, yn uno â'u gilydd i ffurfio epil â'r 46 cromosom llawn. Er hyn, rhaid i chi ddysgu y diffiniad crand.

Ffrwythloni:

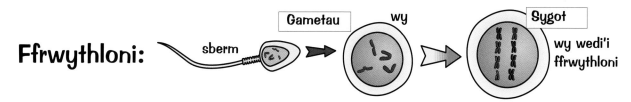

Gametau — wy — Sygot

sberm

wy wedi'i ffrwythloni

Pan fydd y gametau yn **YMASIO**, bydd y 23 cromosom sengl mewn un gamet yn paru a'u "partner gromosomau" priodol o'r gamet arall i ffurfio'r 23 pâr cyflawn eto, Rhif 4 gyda Rhif 4, Rhif 13 gyda Rhif 13, a.y.b. Cofiwch fod y ddau gromosom mewn pâr yn cynnwys yr un genynnau sylfaenol, e.e. ar gyfer lliw'r gwallt, a.y.b.

Yna bydd yr epil sy'n deillio o hyn yn derbyn ei nodweddion allanol fel cymysgedd o'r ddwy set o gromosomau. Felly bydd yn etifeddu nodweddion o'r ddau riant.

Dylai'r cyfan ddechrau dod at ei gilydd nawr …

O ddarllen y ddwy dudalen ddiwethaf fe ddylech weld sut mae'r ddwy broses, meiosis a ffrwythloni, yn wrthgyferbyniol. Dylech ymarfer braslunio y gyfres o ddiagramau, ynghyd â nodiadau, ar gyfer y ddwy dudalen er mwyn deall a chofio'r cyfan.

Gwaith Mendel

Arbrofion Mendel gyda Phlanhigion Pys

Mynach o Awstria oedd Gregor Mendel, ac fe gafodd ei hyfforddi mewn mathemateg a hanes naturiol ym mhrifysgol Vienna. Yn ei ardd lysiau yn y mynachdy, fe astudiodd sut oedd nodweddion yn cael eu pasio ymlaen o un genhedlaeth i'r llall mewn planhigion. Daeth canlyniadau ei arbrofion yn sylfaen i eneteg fodern.

Mae'r diagramau yn dangos y ddau <u>groesiad</u> a wnaeth Mendel ar etifeddu <u>taldra</u> mewn planhigion ... pys.

Croesiad Cyntaf

Rhieni: Planhigyn Pys Tal   Planhigyn Pys Corrach

Planhigion tal i gyd

Epil:

Yr Ail Groesiad
Croesi Dau blanhigyn pys o'r epil F1

Rhieni: Planhigyn Pys Tal   Planhigyn Pys Tal

Tal   Tal   Tal   Corrach

Epil:

... a gellir ei esbonio'n dwt drwy ddefnyddio <u>diagram genetig</u>:

Croesiad Cyntaf

Rhieni: ▷ (TT) (tt)
(T) (T) (t) (t)
Epil F1 ▷ (Tt) (Tt) (Tt) (Tt)

Ail Groesiad

Rhieni: ▷ (Tt) (Tt)
(T) (t) (T) (t)
Epil F2 ▷ (TT) (Tt) (Tt) (tt)

> Dangosodd Mendel mai'r "<u>unedau etifeddol</u>", a oedd yn pasio o'r rhieni i'r epil, oedd yn pennu y nodwedd o daldra mewn planhigion pys. Mae cymhareb y planhigion tal i'r planhigion byr yn yr epil cyntaf a'r ail yn dangos fod yr uned ar gyfer taldra, T, yn <u>drech</u> na'r uned ar gyfer planhigion byr, <u>t</u>.

Casgliadau Mendel

Daeth Mendel i'r casgliadau pwysig yma ynglŷn ag <u>etifeddiaeth mewn planhigion</u>:

1) "<u>Unedau etifeddol</u>" sy'n pennu nodweddion planhigion.
2) Mae'r unedau etifeddol yma yn pasio o'r ddau riant i'r epil, <u>un uned</u> o <u>bob rhiant</u>.
3) Gall unedau etifeddol fod yn <u>drechol</u> neu yn <u>enciliol</u> – os oes gan unigolyn uned drechol ac uned enciliol ar gyfer nodwedd penodol, yna y nodwedd drechol fydd yn dangos.

Gyda gwybodaeth wyddonol fodern gwyddom mai <u>genynnau</u> yw'r unedau etifeddol hyn.
Yn ystod oes Mendel nid oedd technoleg wedi datblygu cymaint ag y mae heddiw ac ni sylweddolwyd arwyddocâd ei waith tan ar ôl iddo farw.

Dysgwch y ffeithiau, ac yna fe gawn weld faint a wyddoch ...

Roedd Mendel yn ddyn clyfar iawn. Dysgwch y manylion am ei groesiadau gyda phlanhigion pys a'r diagram genetig. Mae'n eithaf syml, unwaith y byddwch yn gyfarwydd â'r gwaith. <u>Dysgwch y dudalen gyfan</u>, yna <u>cuddiwch y dudalen</u> ac <u>ysgrifennwch y cyfan i lawr</u>. Maent yn siŵr o ofyn cwestiwn i chi am waith Mendel.

Merch ynteu Bachgen? – Cromosomau X ac Y

Mae <u>23 pâr o gromosomau</u> cyfatebol ym mhob cell ddynol. Mae'r trydydd pâr ar hugain wedi'i labelu'n <u>XY</u>. Dyma'r ddau gromosom <u>sy'n penderfynu a fyddwch yn wryw neu'n fenyw</u>. Fe'u gelwir yn gromosomau X ac Y am eu bod yn edrych yn debyg i X ac Y.

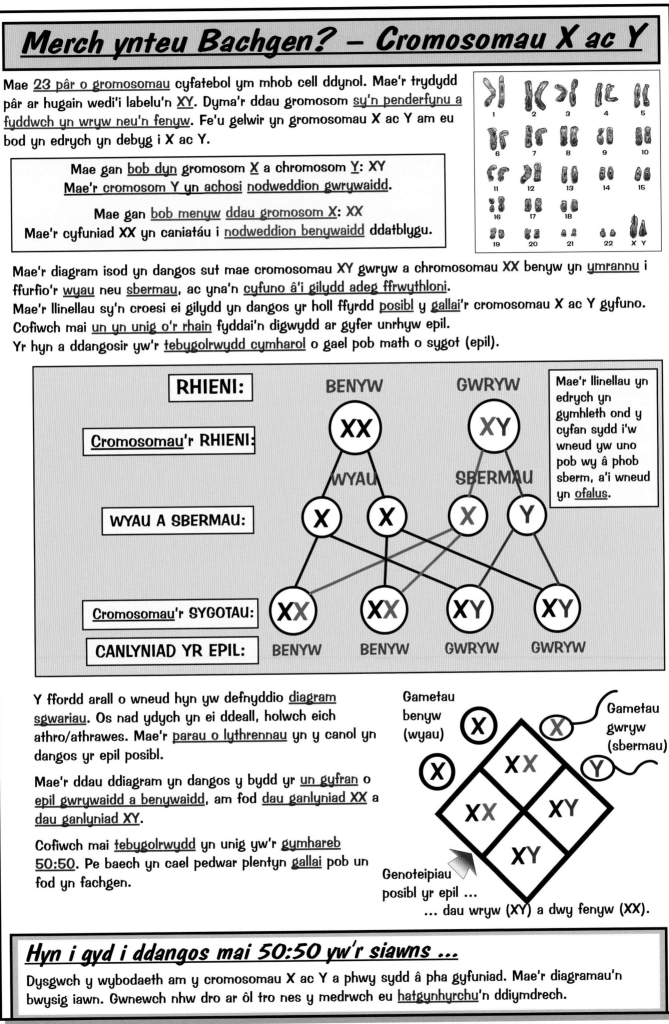

> Mae gan <u>bob dyn</u> gromosom <u>X</u> a chromosom <u>Y</u>: XY
> <u>Mae'r cromosom Y yn achosi</u> <u>nodweddion gwrywaidd</u>.
>
> Mae gan <u>bob menyw</u> <u>ddau gromosom X</u>: XX
> Mae'r cyfuniad XX yn caniatáu i <u>nodweddion benywaidd</u> ddatblygu.

Mae'r diagram isod yn dangos sut mae cromosomau XY gwryw a chromosomau XX benyw yn <u>ymrannu</u> i ffurfio'r <u>wyau</u> neu <u>sbermau</u>, ac yna'n <u>cyfuno</u> â'i gilydd adeg ffrwythloni.

Mae'r llinellau sy'n croesi ei gilydd yn dangos yr holl ffyrdd <u>posibl</u> y <u>gallai</u>'r cromosomau X ac Y gyfuno. Cofiwch mai <u>un yn unig o'r rhain</u> fyddai'n digwydd ar gyfer unrhyw epil.

Yr hyn a ddangosir yw'r <u>tebygolrwydd cymharol</u> o gael pob math o sygot (epil).

RHIENI: BENYW GWRYW

Mae'r llinellau yn edrych yn gymhleth ond y cyfan sydd i'w wneud yw uno pob wy â phob sberm, a'i wneud yn <u>ofalus</u>.

Cromosomau'r RHIENI: XX XY

WYAU A SBERMAU: WYAU SBERMAU
X X X Y

Cromosomau'r SYGOTAU: XX XX XY XY

CANLYNIAD YR EPIL: BENYW BENYW GWRYW GWRYW

Y ffordd arall o wneud hyn yw defnyddio <u>diagram sgwariau</u>. Os nad ydych yn ei ddeall, holwch eich athro/athrawes. Mae'r <u>parau o lythrennau</u> yn y canol yn dangos yr epil posibl.

Mae'r ddau ddiagram yn dangos y bydd yr <u>un gyfran</u> o epil gwrywaidd a benywaidd, am fod <u>dau ganlyniad XX</u> a <u>dau ganlyniad XY</u>.

Cofiwch mai <u>tebygolrwydd</u> yn unig yw'r <u>gymhareb</u> <u>50:50</u>. Pe baech yn cael pedwar plentyn <u>gallai</u> pob un fod yn fachgen.

Gametau benyw (wyau) X X

Gametau gwryw (sbermau) Y

XX XX XY XY

Genoteipiau posibl yr epil ...
... dau wryw (XY) a dwy fenyw (XX).

Hyn i gyd i ddangos mai 50:50 yw'r siawns ...

Dysgwch y wybodaeth am y cromosomau X ac Y a phwy sydd â pha gyfuniad. Mae'r diagramau'n bwysig iawn. Gwnewch nhw dro ar ôl tro nes y medrwch eu <u>hatgynhyrchu</u>'n ddiymdrech.

Clonau ac Atgynhyrchu Anrhywiol

Mewn atgynhyrchu anrhywiol ceir dim ond un rhiant

1) Mae cellraniad arferol yn cynhyrchu celloedd newydd yr un fath a'r gell wreiddiol.
2) Dyma sut y mae planhigion ac anifeiliaid yn tyfu. Mae eu celloedd yn rhannu ac yn lluosi trwy ddyblygu eu hunain.
3) Mae rhai organebau yn atgynhyrchu gan ddefnyddio'r dull yma hefyd – er enghraifft bacteria.
4) Gelwir hyn yn atgynhyrchu anrhywiol. Dyma ddiffiniad ohono, i chi ei ddysgu:

> Mewn atgynhyrchu anrhywiol ceir dim ond un rhiant, ac felly mae'r epil yn cynnwys union yr yn genynnau â'r rhiant – hynny yw, CLONAU ydynt.

5) Nid yw atgynhyrchu anrhywiol yn creu amrywiad, gan nad yw'r genynnau yn newid.

Dysgwch y diffiniad hwn o glonau: **Organebau sy'n enetig unfath yw clonau.**

Mae clonau yn digwydd yn naturiol mewn planhigion ac anifeiliaid. Clonau o'i gilydd yw efeilliaid unfath. Gall planhigion mefus a phlanhigion tatws atgynhyrchu yn anrhywiol i wneud copïau unfath ohonynt eu hunain. Y dyddiau hyn mae clonau'n rhan o'r diwydiant ffermio uwch dechnoleg.

Trawsblannu Embryonau mewn Gwartheg

Fel arfer, bydd ffermwyr yn bridio o'u buchod gorau a'u teirw gorau. Ond byddai dulliau traddodiadol fel hyn yn galluogi i'r fuwch orau gynhyrchu un epil yn unig y flwyddyn. Erbyn hyn mae'r holl broses wedi'i newid yn llwyr drwy drawsblannu embryonau:

"Nyrs - y sgrin!"

1) Caiff sberm eu cymryd o'r tarw gorau.
2) Cânt eu harchwilio i edrych am unrhyw ddiffygion genetig ac i weld eu rhyw.
3) Gallant gael eu rhewi a'u defnyddio'n ddiweddarach.
4) Rhoddir hormonau i'r buchod gorau i wneud iddynt gynhyrchu llawer o wyau.
5) Yna mae'r buchod yn cael eu semenu'n artiffisial.
6) Cymerir yr embryonau o'r buchod gorau i'w harchwilio i weld eu rhyw ac i edrych am unrhyw ddiffygion genetig.
7) Mae'r embryonau'n cael eu datblygu a'u hollti (i ffurfio clonau) cyn i unrhyw gelloedd ddod yn arbenigol.
8) Fe gaiff yr embryonau hyn eu mewnblannu mewn buchod eraill, lle maent yn tyfu. Hefyd fe ellir eu rhewi a'u defnyddio'n ddiweddarach.

Manteision Trawsblannu Embryonau:
a) Gellir cynhyrchu cannoedd o epil "delfrydol" bob blwyddyn o'r fuwch a'r tarw gorau.
b) Gall y fuwch orau wreiddiol barhau i gynhyrchu wyau arbennig drwy gydol y flwyddyn.
Anfanteision:
Dim ond yr anfantais arferol gyda chlonau – gostyngiad yn y "cyfanswm genynnol" sy'n eu gwneud yn agored i glefydau newydd.

Peidiwch Clonio o Gwmpas, dysgwch y ffeithiau ...
Fe allan nhw ofyn cwestiwn am y wybodaeth sydd mewn unrhyw frawddeg ar y dudalen hon. Dylech ymarfer ysgrifennu'r holl ffeithiau i lawr ar ffurf traethawd byr.

Clonio a Pheirianneg Genetig

Hanfodion Clonio Planhigion yn Fasnachol

Meithriniad Meinwe

Yn hytrach na dechrau gyda choesyn a blaguryn, maent yn rhoi ychydig o gelloedd planhigion mewn cyfrwng cynnal twf gyda hormonau ac mae'n tyfu'n blanhigyn newydd.

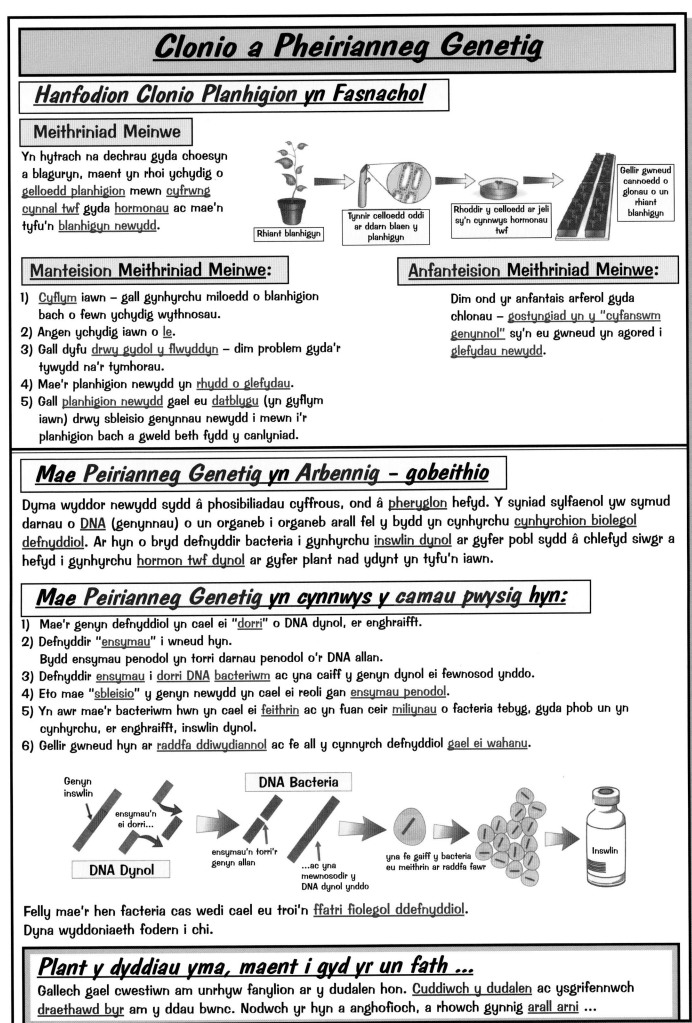

Rhiant blanhigyn

Tynnir celloedd oddi ar ddarn blaen y planhigyn

Rhoddir y celloedd ar jeli sy'n cynnwys hormonau twf

Gellir gwneud cannoedd o glonau o un rhiant blanhigyn

Manteision Meithriniad Meinwe:

1) **Cyflym** iawn – gall gynhyrchu miloedd o blanhigion bach o fewn ychydig wythnosau.
2) Angen ychydig iawn o le.
3) Gall dyfu drwy gydol y flwyddyn – dim problem gyda'r tywydd na'r tymhorau.
4) Mae'r planhigion newydd yn rhydd o glefydau.
5) Gall planhigion newydd gael eu datblygu (yn gyflym iawn) drwy sbleisio genynnau newydd i mewn i'r planhigion bach a gweld beth fydd y canlyniad.

Anfanteision Meithriniad Meinwe:

Dim ond yr anfantais arferol gyda chlonau – gostyngiad yn y "cyfanswm genynnol" sy'n eu gwneud yn agored i glefydau newydd.

Mae Peirianneg Genetig yn Arbennig – gobeithio

Dyma wyddor newydd sydd â phosibiliadau cyffrous, ond â pheryglon hefyd. Y syniad sylfaenol yw symud darnau o DNA (genynnau) o un organeb i organeb arall fel y bydd yn cynhyrchu cynhyrchion biolegol defnyddiol. Ar hyn o bryd defnyddir bacteria i gynhyrchu inswlin dynol ar gyfer pobl sydd â chlefyd siwgr a hefyd i gynhyrchu hormon twf dynol ar gyfer plant nad ydynt yn tyfu'n iawn.

Mae Peirianneg Genetig yn cynnwys y camau pwysig hyn:

1) Mae'r genyn defnyddiol yn cael ei "dorri" o DNA dynol, er enghraifft.
2) Defnyddir "ensymau" i wneud hyn.
   Bydd ensymau penodol yn torri darnau penodol o'r DNA allan.
3) Defnyddir ensymau i dorri DNA bacteriwm ac yna caiff y genyn dynol ei fewnosod ynddo.
4) Eto mae "sbleisio" y genyn newydd yn cael ei reoli gan ensymau penodol.
5) Yn awr mae'r bacteriwm hwn yn cael ei feithrin ac yn fuan ceir miliynau o facteria tebyg, gyda phob un yn cynhyrchu, er enghraifft, inswlin dynol.
6) Gellir gwneud hyn ar raddfa ddiwydiannol ac fe all y cynnyrch defnyddiol gael ei wahanu.

Genyn inswlin

ensymau'n ei dorri...

DNA Dynol

DNA Bacteria

ensymau'n torri'r genyn allan

...ac yna mewnosodir y DNA dynol ynddo

yna fe gaiff y bacteria eu meithrin ar raddfa fawr

Inswlin

Felly mae'r hen facteria cas wedi cael eu troi'n ffatri fiolegol ddefnyddiol.
Dyna wyddoniaeth fodern i chi.

Plant y dyddiau yma, maent i gyd yr un fath ...

Gallech gael cwestiwn am unrhyw fanylion ar y dudalen hon. Cuddiwch y dudalen ac ysgrifennwch draethawd byr am y ddau bwnc. Nodwch yr hyn a anghofioch, a rhowch gynnig arall arni ...

60

Mwtaniadau

Mae Mwtaniadau y Ymddangos fel Nodwedd Newydd Ryfedd

1) Fe geir <u>mwtaniad</u> pan fydd organeb yn datblygu â <u>rhyw nodwedd newydd ryfedd</u> na fu gan unrhyw aelod arall o'r rhywogaeth erioed o'r blaen.
2) Er enghraifft, pe bai rhywun yn cael ei eni â gwallt glas byddai hynny wedi'i achosi gan fwtaniad.
3) Mae rhai mwtaniadau'n fuddiol, ond mae'r rhan fwyaf ohonynt <u>yn drychinebus</u> (e.e. gwallt glas).

Achosir Mwtaniadau gan Ddiffygion mewn Genynnau a Chromosomau

Mae <u>sawl ffordd</u> y gall mwtaniadau ddigwydd, ond yn y pen draw maent i gyd yn ganlyniad i <u>enynnau diffygiol</u>. <u>Fel arfer</u> fe geir mwtaniadau pan fydd cromosomau yn <u>dyblygu eu hunain</u> a bydd rhywbeth yn mynd o'i le.

O-Oh!

Mae tair ffordd o ddweud beth yw mwtaniad:

> 1) Mwtaniad yw <u>newid mewn genyn</u> neu mewn sawl genyn
> 2) Mwtaniad yw <u>newid</u> mewn un <u>cromosom</u> neu fwy.
> 3) Mae mwtaniad yn <u>dechrau yng nghnewyllyn</u> un gell benodol.

Gall Pelydriad a Rhai Cemegion achosi Mwtaniadau

Mae <u>mwtaniadau'n digwydd yn "naturiol"</u>, wedi'u hachosi fwy na thebyg gan belydriad cefndirol "naturiol" (o'r haul a chreigiau a.y.b.) neu ar hap o bryd i'w gilydd pan na fydd cromosom yn ei gopïo ei hun yn iawn. Ond <u>cynyddir y siawns o fwtaniad</u> drwy roi eich hun yn agored i'r canlynol:

1) <u>Ymbelydredd niwclear</u>, h.y. pelydriad alffa, beta a gama. Weithiau defnyddir y term <u>pelydriad ïoneiddio</u> am hyn am ei fod yn creu ïonau (gronynnau wedi'u gwefru) wrth iddo fynd drwy rywbeth.(Gweler y Llyfr Adolygu Ffiseg.)

2) <u>Pelydrau X</u> a <u>golau uwchfioled</u>, sef y <u>rhannau</u> o'r <u>sbectrwm electromagnetig</u> (ynghyd â <u>phelydrau gama</u>) sydd â'r <u>amledd uchaf</u>.

3) Rhai <u>cemegion</u> y gwyddom eu bod yn achosi mwtaniadau. Yr enw ar gemegion o'r fath yw <u>mwtagenau</u>! Os bydd y mwtaniadau'n achosi canser defnyddir y term <u>carsinogenau</u> am y cemegion.

4) Mae <u>mwg sigarennau</u> yn cynnwys <u>mwtagenau cemegol</u> (neu <u>garsinogenau</u>)...
(Dwi'n dweud dim - Gweler tud. 50)

O na! Nid fi!

Peidiwch â phoeni, mae'r gwaith hwn yn ddigon hawdd ...

Mae tair adran gyda phwyntiau wedi'u rhifo ym mhob un. <u>Dysgwch</u> y penawdau a'r pwyntiau wedi'u rhifo, yna <u>cuddiwch y dudalen</u> ac <u>ysgrifennwch</u> y cyfan y medrwch ei gofio i lawr. Daliwch ati! Bob tro y gwnewch hyn bydd mwy'n cael ei gofio - a chi fydd ar eich ennill. <u>Gwenwch a mwynhewch</u>.

Adran Pump - Geneteg ac Esblygiad

Mwtaniadau

Mae'r Mwyafrif o Fwtaniadau'n Niweidiol

Os ceir mwtaniad mewn <u>celloedd atgenhedlu</u>, gall yr ifanc <u>ddatblygu'n annormal</u> neu <u>farw</u> yn gynnar yn eu datblygiad.

Mae mwtaniadau yn aml yn achosi canser

Os ceir mwtaniadau yng nghelloedd y corff, gallai'r celloedd mwtan ddechrau <u>lluosi allan o bob rheolaeth</u> ac <u>ymwthio</u> i rannau eraill o'r corff. Dyma yw <u>canser</u>.

Mae Rhai Mwtaniadau'n Fuddiol, gan roi i ni "ESBLYGIAD"

1) Ymddangosodd <u>"bwjis" glas</u> yn sydyn fel mwtaniad ymhlith bwjis melyn. Dyma enghraifft dda o <u>effaith niwtral</u>. Ni wnaeth niwed i'w gobaith i oroesi ac felly fe'u gwelwyd yn ffynnu (ar un adeg roedd gan bob nain ym Mhrydain fwji glas).

2) Yn <u>achlysurol iawn</u>, bydd mwtaniad yn rhoi <u>mantais</u> i organeb o ran goroesi o'i chymharu â'i pherthnasau. Dyma <u>ddetholiad naturiol</u> ac <u>esblygiad</u> ar waith.

3) Enghraifft dda yw mwtaniad mewn bacteria sy'n eu <u>galluogi i wrthsefyll</u> <u>gwrthfiotigau</u>, felly mae'r <u>genyn yn parhau</u>, yn yr epil, gan greu "straen" <u>gwrthiannol</u> o facteria na all gael ei ladd gan wrthfiotigau.

Yna, rhaid datblygu gwrthfiotig newydd i ddelio â'r straen newydd o facteria. Ac felly yr â ymlaen.

Achosir Syndrom Down trwy gael Tri Chromosom Rhif 21

1) Mae hwn yn fath <u>cwbl wahanol</u> o glefyd genetig. Mae'r unigolyn â <u>thri chromosom 21</u> yn ei gelloedd.

2) Mewn gwirionedd mae Syndrom Down yn enghraifft o <u>fwtaniad</u>. Mae'n annhebyg i'r rhan fwyaf o fwtaniadau sy'n cynnwys newidiadau i'r genynnau. Mae hwn yn cynnwys <u>cromosom ychwanegol</u> yn unig.

3) Mae'r broblem yn codi yn ofarïau'r fenyw. O bryd i'w gilydd bydd y <u>ddau gromosom 21</u> yn mynd i mewn i'r un cell wy, gan adael y llall heb yr un. Os caiff yr wy sydd â dau gromosom 21 ei ffrwythloni, bydd gan yr epil <u>dri</u> chromosom 21.

4) Mae hyn yn achosi Syndrom Down.

Dyma brif effeithiau Syndrom Down:

a) Bydd gan y plentyn <u>allu meddyliol is</u>.
b) Yn gyffredinol, bydd hefyd yn <u>fwy agored i rai clefydau</u>.

20   21   22

Dysgwch y ffeithiau cyn gweld faint y gallwch ei gofio ...

Mae tair rhan i'r dudalen hon, gyda llawer o bwyntiau wedi'u rhifo. Rhaid i chi <u>ddysgu</u>'r holl fanylion ynglŷn ag effeithiau niweidiol mwtaniadau, gan gynnwys Syndrom Down.
Pan fyddwch wedi dysgu'r cyfan, <u>cuddiwch y dudalen</u> ac <u>ysgrifennwch bopeth i lawr</u> eto. Edrychwch yn ôl i weld pa bwyntiau wnaethoch eu hanghofio. Cofiwch fe allant ofyn cwestiwn i chi ar unrhyw ran o'r gwaith hwn.

Ffibrosis y Bledren

Ffibrosis y Bledren - Y Symptomau

1) <u>Clefyd genetig</u> yw <u>Ffibrosis y Bledren</u> (neu ffibrosis codennog) ac mae'n effeithio ar <u>1 ym mhob 1600 o bobl</u> yn y Deyrnas Unedig.

2) Fe'i <u>achosir gan enyn diffygiol</u> ar un o'r cromosomau y mae'r unigolyn yn eu hetifeddu o'i rieni. Hyd yma <u>does dim iachâd</u> na thriniaeth effeithiol ar ei gyfer.

3) Canlyniad y <u>genyn diffygiol</u> yw bod y corff yn cynhyrchu llawer o fwcws gludiog trwchus yn yr ysgyfaint. Rhaid cael gwared â hwn drwy <u>dylino'r corff</u>.

4) Mae gormod o fwcws hefyd yn y <u>pancreas</u>, sy'n achosi <u>problemau treulio</u>.

5) Ond yn fwy difrifol o lawer, <u>mae'r rhwystr yn y pibellau aer</u> yn yr ysgyfaint yn achosi llawer o <u>heintiau ar y frest</u>.

6) Mae <u>ffisiotherapi a gwrthfiotigau</u> yn eu clirio ond yn raddol mae'r claf yn mynd yn fwyfwy sâl.

Rhaid i Ffibrosis y Bledren gael ei etifeddu o'r ddau riant

1) <u>Dim ond</u> mewn person sydd wedi <u>etifeddu y genyn</u> sy'n ei achosi oddi wrth ei <u>ddau</u> riant, y datblygir ffibrosis y bledren.

2) Rhaid i'r <u>ddau</u> riant fod yn <u>gludyddion</u> o'r <u>genyn diffygiol</u> sy'n achosi'r clefyd, ond ni fydd yr <u>un o'r ddau</u> yn dangos y <u>symptomau</u>.

3) Mae hyn yn <u>ffaith bwysig</u> ynglŷn â nifer o glefydau genetig – yn aml mae'r rhieni yn <u>gludyddion</u> yr anhwylder, ond heb ddangos unrhyw <u>symptomau</u> o gwbl.

4) Os <u>dim ond un</u> rhiant sy'n gludydd, yna ni fydd y plentyn yn datblygu'r clefyd. Er hynny gall y plentyn ddod yn <u>gludydd</u>, a gall basio'r broblem i'w blant rhyw ddydd.

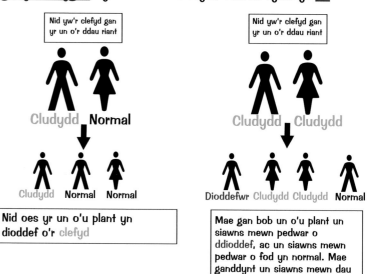

Bellach mae Prawf ar gyfer y Genyn sy'n achosi Ffibrosis y Bledren, ond ...

1) Dim ond yn <u>1989</u> y darganfuwyd y <u>genyn</u> sy'n achosi ffibrosis y <u>bledren</u>.

2) Ers hynny mae hi wedi bod yn bosibl <u>profi</u> rhieni i weld a ydynt yn <u>gludyddion</u>.

3) <u>Cyn hynny</u>, yr arwydd cyntaf oedd plentyn yn <u>cael ei eni</u> â'r clefyd.

4) Os yw'r <u>ddau</u> riant <u>yn</u> darganfod eu bod yn gludyddion, rhaid iddynt wneud <u>penderfyniad anodd</u> ynglŷn â chael plant, oherwydd bod gan bob un o'u plant <u>un siawns mewn pedwar</u> o ddatblygu'r clefyd.

Dysgwch y ffeithiau cyn gweld faint â wyddoch ...

Dylai fod yn weddol hawdd dysgu'r symptomau, ond mae'n bwysig hefyd dysgu'r ffeithiau am etifeddi'r clefyd e.e. a oes rhaid i un neu'r ddau riant fod yn gludyddion ac a fyddant yn dangos symptomau. <u>Dysgwch y cyfan</u>, yna <u>cuddiwch y dudalen</u> ac <u>ysgrifennwch</u> y cwbl i lawr.

Anaemia Cryman-gell a Chorea Huntington

Anaemia Cryman-gell – Y Symptomau

1) Mae'r clefyd hwn yn achosi i gelloedd coch y gwaed ffurfio'n siâp crymannau yn hytrach na'r siâp crwn normal.

2) Yna maent yn mynd yn sownd yn y capilariau sy'n amddifadu celloedd y corff o ocsigen.

3) Mae'n glefyd amhleserus a phoenus a bydd y rhai sy'n dioddef ohono'n marw'n ifanc.

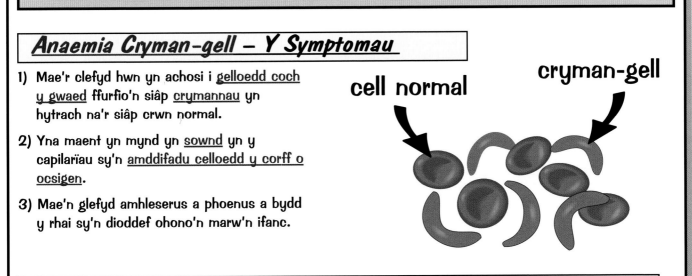

cell normal   cryman-gell

Fel Ffibrosis y Bledren – rhaid iddo gael ei etifeddu o'r ddau riant

1) Mae'r eneteg yr un fath â ffibrosis y bledren. Er mwyn etifeddu'r clefyd rhaid i'r ddau riant fod yn gludyddion. Ni fydd yr un ohonynt yn dangos unrhyw symptomau o'r clefyd. Ffordd ffansi o ddweud hyn yw eu bod yn "gludyddion di-symptom".

2) Ond er y bydd dioddefwyr yn marw cyn y gallant atgenhedlu, ni fydd y clefyd anaemia cryman-gell yn diflannu fel y byddech yn ei ddisgwyl, yn enwedig yn Affrica.

3) Y rheswm yw bod cludyddion y clefyd yn fwy imiwn i falaria.

4) Felly, mae bod yn gludydd yn cynyddu eu siawns o barhau i fyw (mewn rhai rhannau o'r byd), er bod rhai o'u hepil yn mynd i farw'n ifanc o anaemia cryman-gell.

Etifeddir Corea Huntington oddi wrth Un Rhiant yn Unig

1) Yn wahanol i ffibrosis y bledren (ac anaemia cryman-gell), etifeddir y clefyd genetig hwn os oes gan un rhiant yn unig y genyn diffygiol.

2) Os oes un rhiant yn cario'r genyn diffygiol, yna mae 50% o siawns y bydd unrhyw blentyn iddynt yn datblygu'r clefyd. Mae'r ods hyn yn fygythiol iawn.

Mae Corea Huntington yn achosi dirywiad araf yn y system nerfol

1) Mae'r clefyd yn amhleserus. Mae'n achosi i'r system nerfol ddirywio yn araf, gan achosi i'r corff ysgwyd a symud yn afreolus ac i'r meddwl ddirywio'n ddifrifol.

2) Bydd y rhiant sy'n "gludydd" bob amser yn dod yn ddioddefwr hefyd, ond dyw'r symptomau ddim yn ymddangos nes ar ôl 40 oed. Erbyn hynny bydd y genyn diffygiol wedi'i drosglwyddo i'r plant a hyd yn oed i'r wyrion a'r wyresau. Felly, mae'r clefyd yn parhau gan fod digon o amser gyda'r dioddefwyr i atgenhedlu bob amser cyn iddynt ildio i'r symptomau amhleserus.

Dysgwch y ffeithiau cyn gweld faint y gallwch ei gofio ...

Mae'r clefydau hyn yn y meysydd llafur ac mae cwestiynau amdanynt yn debygol iawn. Mae angen dysgu'r holl wybodaeth sylfaenol amdanynt. Cuddiwch y dudalen ac ysgrifennwch y cyfan i lawr.

Bridio Detholus

Mae bridio detholus yn syml iawn

Gelwir bridio detholus hefyd yn ddethol artiffisial, am fod pobl yn dethol yn artiffisial y planhigion neu'r anifeiliaid sy'n mynd i fridio a ffynnu, yn unol â'n gofynion ni. Dyma'r broses sylfaenol a geir mewn bridio detholus:

1) Dewis y rhai sydd â'r nodweddion gorau o'ch stoc presennol.

2) Bridio'r rhain â'i gilydd.

3) Dewis y gorau o'r epil a'u cyfuno â'r gorau sydd gennych eisoes a bridio eto.

4) Parhau â'r broses hon dros sawl cenhedlaeth i ddatblygu'r nodweddion a ddymunir.

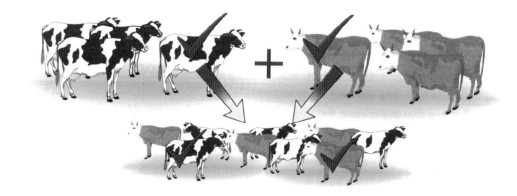

Mae bridio detholus yn ddefnyddiol iawn mewn ffermio

Defnyddir Detholiad Artiffisial yn y rhan fwyaf o feysydd ffermio modern, er budd mawr:

1) Cig eidion gwell

Bridio gwartheg cig eidion yn ddetholus i gael y cig eidion gorau (blas, gwead, ymddangosiad, a.y.b.)

2) Gwell llaeth

Bridio gwartheg llaeth yn ddetholus i gynyddu'r cynnyrch llaeth a'r gwrthiant i glefydau.

3) Gwell ieir

Bridio ieir yn ddetholus i gynyddu maint yr wyau a nifer yr wyau am bob iâr.

4) Gwell gwenith

Bridio gwenith yn ddetholus i gynhyrchu amrywiaethau newydd sydd â gwell cynnyrch a gwell gwrthiant i glefydau hefyd.

5) Gwell blodau

Bridio blodau yn ddetholus i gynhyrchu rhai mwy eu maint, gwell eu safon a mwy lliwgar.

Bridio Detholus

Y Prif Anfantais yw Gostyngiad yn y Cyfanswm Genynnol

Mewn ffermio, dewisir yr anifeiliaid a'r planhigion i fridio'n ddetholus er mwyn datblygu'r nodweddion gorau, sef:

    a) <u>Cynyddu'r cynnyrch</u> o gig, llaeth, grawn a.y.b.

    b) <u>Iechyd Da</u> a <u>Gwrthiant i Glefydau</u>

1) Ond mae bridio detholus yn lleihau <u>nifer yr alelau</u> mewn poblogaeth am fod y ffermwr yn parhau i ddefnyddio'r anifeiliaid neu'r planhigion "gorau" ar gyfer bridio – yr un rhai bob tro.

O Diar!

2) Gall hyn achosi problemau os bydd <u>clefyd newydd yn ymddangos</u>, oherwydd fe allai'r holl blanhigion ac anifeiliaid gael eu lladd.

3) Gwneir hyn yn fwy tebygol gan fod y stoc i gyd yn <u>perthyn yn agos</u> iawn i'w gilydd, felly os bydd un ohonynt yn cael ei lladd gan glefyd newydd, mae'r gweddill yn debygol o ildio iddo hefyd.

| Bridio detholus | → | Lleihau nifer y gwahanol alelau (genynnau) | → | Llai o gyfle i alelau gwrthiannol fod yn bresennol yn y boblogaeth | → | Dim ar ôl i ddewis bridio'n ddetholus ohono |

Mae bridio detholus ymhlith Cŵn o Dras yn Achosi Afiechyd

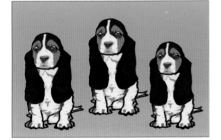

Dyw'r rhan fwyaf o'r uchod <u>ddim yn berthnasol</u> i fridio detholus gyda <u>chŵn o dras</u> lle mae'n <u>ymddangos</u> mai'r <u>unig beth</u> sy'n bwysig yw eu golwg corfforol – er mwyn ennill sioeau cŵn. Mae llawer o gŵn o dras (y rhan <u>fwyaf</u> ohonynt mewn gwirionedd) yn dioddef o <u>broblemau â'u hiechyd</u> oherwydd y dethol artiffisial.

Gall Croesfridiau Hap (mwngrel) fod yn Gŵn Llawer Mwy Iach

1) Mae mwngreliaid (croesfridiau hap) ar y llaw arall fel arfer yn gŵn sy'n <u>fwy iach</u> a <u>heini</u> am nad ydynt wedi'u <u>mewnfridio</u>.

2) Maent yn aml yn fwy annwyl o lawer ac fe allant fod yn hardd hefyd.

3) Dyw'r gair "<u>mwngrel</u>" ddim yn gwneud cyfiawnder â nhw o gwbl. Os ydych am gi grêt ewch i le achub cŵn a chael croesfrid gwirion a'i garu.

Mwy i'w ddysgu ...

<u>Mae bridio detholus yn bwnc syml iawn</u>. Yn yr Arholiad fe allent roi hanner tudalen yn egluro sut y mae ffermwr yng Nghaerfyrddin wedi gwneud hyn a'r llall â'i blanhigion neu ei warheg, ac yna gofyn: "<u>Beth yw ystyr bridio detholus?</u>" I ateb byddech yn ysgrifennu'r pedwar pwynt ar ddechrau tudalen 64. Yna fe allent ofyn: "<u>Awgrymwch ffyrdd eraill y gallai ffermwyr yng Nghaerfyrddin ddefnyddio bridio detholus i wella'u cynnyrch.</u>" I ateb byddech yn rhestru rhai o'r enghreifftiau a ddysgwyd gennych. Felly, mae angen dysgu'r gwaith.

Maen nhw'n hoff iawn o gwestiynau hirfaeth. 'Slawer dydd (1970au) byddent yn holi: "<u>Esboniwch ystyr bridio detholus a rhowch bedwar enghraifft o sut y caiff ei ddefnyddio. – 8 marc</u>" (!)

Detholiad Naturiol

Damcaniaeth Detholiad Naturiol Darwin

1) Mae'r ddamcaniaeth hon yn rhoi esboniad cynhwysfawr ar gyfer <u>pob math o fywyd ar y Ddaear</u>.

2) Yn ôl cefnogwyr Darwin, mae'r ddamcaniaeth yn esbonio bywyd heb angen "Creawdwr".

3) Achosodd y ddamcaniaeth gryn dipyn o ddadlau, yn enwedig gydag awdurdodau crefyddol y cyfnod a geisiodd wawdio syniadau Darwin.

Fe wnaeth Darwin Bedwar Arsylw Pwysig ...

1) Mae pob organeb yn cynhyrchu <u>mwy o epil</u> nag a allai oroesi.

2) Ond mae niferoedd y poblogaethau'n tueddu i gadw'n <u>weddol gyson</u> dros gyfnodau hir.

3) Mae'r organebau mewn rhywogaeth yn dangos <u>amrywiad eang</u> oherwydd genynnau gwahanol.

4) Mae <u>rhai</u> o'r amrywiadau'n cael eu <u>hetifeddu a'u trosglwyddo</u> i'r genhedlaeth nesaf.

... ac wedyn y Ddau Ddiddwythiad hyn:

1) Gan nad yw'r rhan fwyaf o'r epil yn goroesi, rhaid bod pob organeb yn gorfod <u>ymdrechu i oroesi</u>. (Mae <u>ysglyfaethu</u>, <u>clefyd</u> a <u>chystadleuaeth</u> yn peri i nifer fawr o unigolion farw).

2) Bydd y rhai fydd yn <u>goroesi ac yn atgenhedlu</u> yn <u>trosglwyddo'u genynnau</u>.

Dyma'r gosodiad enwog "<u>Goroesiad y Mwyaf Ffit</u>". Organebau ag ychydig llai o werth goroesol fydd yn debygol o ddarfod gyntaf, gan adael i'r <u>cryfaf</u> a'r <u>mwyaf ffit</u> drosglwyddo'u <u>genynnau</u> i'r genhedlaeth nesaf.

Mae Mwtaniadau'n chwarae rhan fawr mewn Detholiad Naturiol ...

... trwy greu <u>nodwedd newydd</u> â gwerth goroesol <u>uchel</u>. Efallai, rhywbryd, y bu gan gwningod <u>glustiau byr</u>. Yna fe gafwyd mwtan â <u>chlustiau mawr</u> ac yntau oedd y cyntaf bob amser i ddianc rhag perygl. Cyn hir roedd ganddo deulu cyfan o gwningod â <u>chlustiau mawr</u>. Byddai'r rhain yn dianc rhag perygl cyn y lleill. Ymhen ychydig dim ond cwningod â <u>chlustiau mawr</u> oedd ar ôl am na fyddai'r lleill yn clywed peryglon yn ddigon cyflym.

CADNO!

Detholiad Naturiol

Enghraifft Erchyll 1: Chwilod Du fflat

Mae'r enghraifft ddiweddar o hen bryfed annifyr yn esblygu trwy ddetholiad naturiol yn llawer rhy amlwg mewn ceginau o gwmpas y byd.

1) Wrth i arolygwyr iechyd ryfela yn eu herbyn, ychydig a sylweddolant faint mae'r chwilod du wedi mynd allan o'u ffordd i newid er mwyn ffitio i fewn.

2) Dros y canrifoedd, wrth i bobl a chwilod du rannu llety mae'r chwilod du wedi mynd yn llai ac yn fwy fflat er mwyn addasu i'n cartrefi.

3) Ym mhob cenhedlaeth, mae epil llai a mwy fflat yn medru cael mynediad haws i'n pantri ac i fwy o guddfannau, tra bo'r epil mwy a thewach yn cael eu gwthio allan.

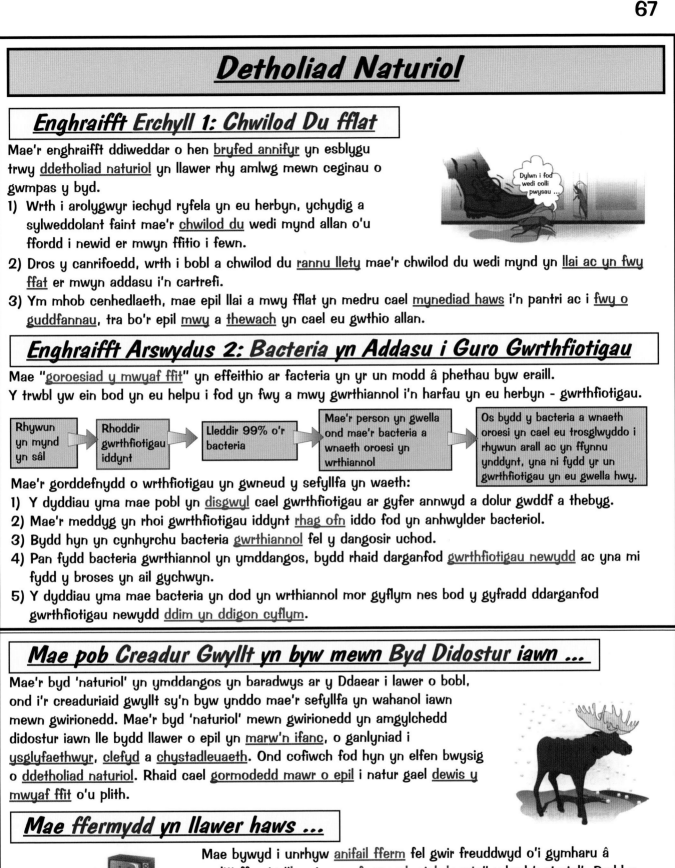

Dylwn i fod wedi colli pwysau ...

Enghraifft Arswydus 2: Bacteria yn Addasu i Guro Gwrthfiotigau

Mae "goroesiad y mwyaf ffit" yn effeithio ar facteria yn yr un modd â phethau byw eraill.
Y trwbl yw ein bod yn eu helpu i fod yn fwy a mwy gwrthiannol i'n harfau yn eu herbyn - gwrthfiotigau.

| Rhywun yn mynd yn sâl | → | Rhoddir gwrthfiotigau iddynt | → | Lleddir 99% o'r bacteria | → | Mae'r person yn gwella ond mae'r bacteria a wnaeth oroesi yn wrthiannol | → | Os bydd y bacteria a wnaeth oroesi yn cael eu trosglwyddo i rhywun arall ac yn ffynnu ynddynt, yna ni fydd yr un gwrthfiotigau yn eu gwella hwy |

Mae'r gorddefnydd o wrthfiotigau yn gwneud y sefyllfa yn waeth:

1) Y dyddiau yma mae pobl yn disgwyl cael gwrthfiotigau ar gyfer annwyd a dolur gwddf a thebyg.

2) Mae'r meddyg yn rhoi gwrthfiotigau iddynt rhag ofn iddo fod yn anhwylder bacteriol.

3) Bydd hyn yn cynhyrchu bacteria gwrthiannol fel y dangosir uchod.

4) Pan fydd bacteria gwrthiannol yn ymddangos, bydd rhaid darganfod gwrthfiotigau newydd ac yna mi fydd y broses yn ail gychwyn.

5) Y dyddiau yma mae bacteria yn dod yn wrthiannol mor gyflym nes bod y gyfradd ddarganfod gwrthfiotigau newydd ddim yn ddigon cyflym.

Mae pob Creadur Gwyllt yn byw mewn Byd Didostur iawn ...

Mae'r byd 'naturiol' yn ymddangos yn baradwys ar y Ddaear i lawer o bobl, ond i'r creaduriaid gwyllt sy'n byw ynddo mae'r sefyllfa yn wahanol iawn mewn gwirionedd. Mae'r byd 'naturiol' mewn gwirionedd yn amgylchedd didostur iawn lle bydd llawer o epil yn marw'n ifanc, o ganlyniad i ysglyfaethwyr, clefyd a chystadleuaeth. Ond cofiwch fod hyn yn elfen bwysig o ddetholiad naturiol. Rhaid cael gormodedd mawr o epil i natur gael dewis y mwyaf ffit o'u plith.

Mae ffermydd yn llawer haws ...

Mae bywyd i unrhyw anifail fferm fel gwir freuddwyd o'i gymharu â realiti ffyrnig "bwyta neu fe gewch eich bwyta" y byd 'naturiol'. Bydd y mwyafrif o anifeiliaid gwyllt yn cael eu bwyta'n fyw neu yn marw o newyn yn y diwedd. Meddyliwch amdano – rhaid iddynt fynd rhywfodd. Rhowch iddynt fferm glyd wareiddiedig unrhyw ddydd, ddywedwn ni ...

Dysgwch y detholiad hwn o wybodaeth ...

Rhennir y ddwy dudalen hyn yn bum adran. Dysgwch y penawdau, yna cuddiwch y dudalen ac ysgrifennwch yr hyn y medrwch ei gofio ym mhob adran. Daliwch ati nes y byddwch yn cofio'r pwyntiau pwysig i gyd.

Ffosiliau

'Olion' planhigion ac anifeiliaid a fu fyw <u>filiynau o flynyddoedd yn ôl</u> yw <u>ffosiliau</u>.

Mae Tair ffordd y gall Ffosiliau gael eu Ffurfio:

1) O <u>rannau caled</u> anifeiliaid.
2) O rannau <u>mwy meddal</u> anifeiliaid neu blanhigion.
3) Mewn mannau lle <u>na</u> cheir <u>pydru</u>.

1) Ffurfir Ffosiliau o rannau caled anifeiliaid fel arfer.

(Mae hyn yn wir am y rhan fwyaf o ffosiliau)

1) Fel arfer rhannau mwyaf caled anifeiliaid megis <u>esgyrn</u>, <u>dannedd</u>, <u>cregyn</u>, a.y.b. sy'n ffurfio ffosiliau yn y pen draw.
2) Digwydd hyn am nad ydynt yn <u>pydru</u> yn rhwydd, ac felly maent yn para am amser hir os ydynt wedi'u <u>claddu</u>.
3) Yn y pen draw bydd <u>mwynau'n cymryd eu lle</u> wrth iddynt bydru, gan ffurfio <u>sylwedd tebyg i graig</u> ac â siâp tebyg i'r darn caled gwreiddiol.
4) Mae'r gwaddodion o'i amgylch hefyd yn troi'n graig, ond mae'r ffosil yn <u>amlwg</u> o fewn y graig. Yna ar ôl amser maith mae <u>rhywun yn dod o hyd iddo</u>.

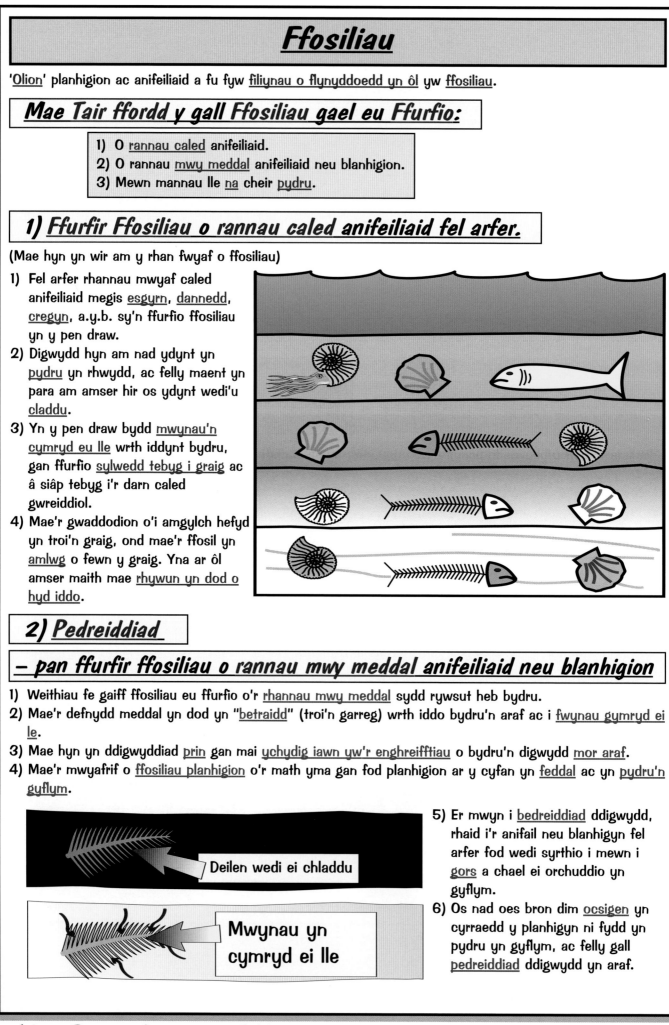

2) Pedreiddiad

– pan ffurfir ffosiliau o rannau mwy meddal anifeiliaid neu blanhigion

1) Weithiau fe gaiff ffosiliau eu ffurfio o'r <u>rhannau mwy meddal</u> sydd rywsut heb bydru.
2) Mae'r defnydd meddal yn dod yn "<u>betraidd</u>" (troi'n garreg) wrth iddo bydru'n araf ac i <u>fwynau gymryd ei le</u>.
3) Mae hyn yn ddigwyddiad <u>prin</u> gan mai <u>ychydig iawn yw'r enghreifftiau</u> o bydru'n digwydd <u>mor araf</u>.
4) Mae'r mwyafrif o <u>ffosiliau planhigion</u> o'r math yma gan fod planhigion ar y cyfan yn <u>feddal</u> ac yn <u>pydru'n gyflym</u>.

Deilen wedi ei chladdu

Mwynau yn cymryd ei lle

5) Er mwyn i <u>bedreiddiad</u> ddigwydd, rhaid i'r anifail neu blanhigyn fel arfer fod wedi syrthio i mewn i <u>gors</u> a chael ei orchuddio yn gyflym.
6) Os nad oes bron dim <u>ocsigen</u> yn cyrraedd y planhigyn ni fydd yn pydru yn gyflym, ac felly gall <u>pedreiddiad</u> ddigwydd yn araf.

Ffosiliau

3) Mewn mannau lle Na Cheir Pydru

Mewn mannau lle na cheir pydru gall y <u>planhigyn neu'r anifail</u> <u>gwreiddiol cyfan</u> bara am <u>filoedd o flynyddoedd</u>.

Ceir tair enghraifft bwysig:

1) Ambr – *dim <u>ocsigen</u> na <u>lleithder</u> ar gyfer y <u>microbau pydru</u>.*

Yn aml fe geir <u>pryfed</u> wedi'u cadw'n <u>cyfan</u> mewn ambr. "Carreg" felen glir ydyw wedi'i wneud o <u>resin wedi'i ffosileiddio</u> a ddaeth allan o goeden hynafol gannoedd o filiynau o flynyddoedd yn ôl, gan amlyncu'r pryfyn.

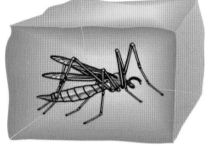

2) Rhewlifoedd – *rhy <u>oer</u> i'r <u>microbau pydru</u> weithio.*

Flynyddoedd yn ôl, mae'n debyg y cafwyd hyd i <u>famoth blewog</u> yn rhywle wedi'i gadw'n llwyr mewn <u>rhewlif</u>.

(Efallai nad yw hynny'n wir, ond efallai y bydd un yn ymddangos rhywbryd ...)

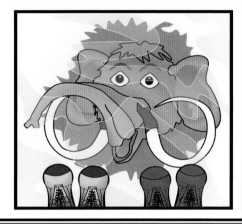

3) <u>Corsydd dwrlawn</u> – *rhy <u>asidig</u> i'r <u>microbau pydru</u>.*

Ychydig o flynyddoedd yn ôl cafwyd hyd i <u>ddyn a fu'n fyw 10,000 o</u> <u>flynyddoedd yn ôl</u>. Roedd wedi marw – wrth gwrs – ond wedi'i gadw'n eithaf da. Roedd yn amlwg ei fod wedi cael ei <u>lofruddio</u>.

(Dydy'r heddlu ddim yn chwilio am dystion, a gofynnir i unrhyw un arall sydd â gwybodaeth i gadw draw.)

Tystiolaeth o Strata Craig a Phridd

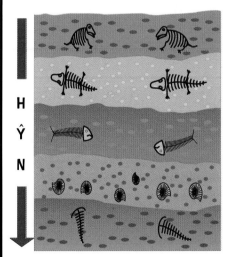

Mae'r ffosiliau a geir mewn <u>haenau o graig</u> yn dangos <u>dau beth</u> i ni :

1) <u>Sut olwg</u> oedd ar y creaduriaid a'r planhigion.
2) <u>Pa mor bell yn ôl buont fyw</u>. Dangosir hyn gan y math o graig y maent ynddo.

Yn gyffredinol, po <u>ddyfnaf</u> yw'r ffosil, yr <u>hynaf</u> ydyw. Ond wrth gwrs gall creigiau gael eu gwthio i fyny ac erydu – felly gall creigiau hen iawn ddod i'r wyneb.

Daearegwyr, sydd <u>eisoes yn gwybod oed y graig</u>, sydd fel arfer yn <u>dyddio</u> ffosiliau.

Mae'r <u>Grand Canyon</u> yn Arizona tua <u>milltir o ddyfnder</u>. Fe'i ffurfiwyd gan afon yn torri'n raddol drwy haenau o graig. Mae'r creigiau ar y gwaelod tua <u>1,000,000,000 o flynyddoedd oed</u> ac mae ffosiliau arbennig yno.

Cyn i chi fynd lawer yn hŷn, dysgwch y wybodaeth hon ...

Dysgwch am y <u>tri</u> math gwahanol o <u>ffosiliau</u> a sut y cânt eu <u>ffurfio</u>.
Dysgwch hefyd y manylion am y wybodaeth y mae creigiau'n ei rhoi.
Peidiwch â darllen yn unig.
<u>Cuddiwch</u> y dudalen a rhowch brawf ar yr hyn a wyddoch.

Esblygiad

Mae Damcaniaeth Esblygiad yn Cŵl

1) Mae hon yn awgrymu bod pob anifail a phlanhigyn ar y Ddaear wedi "esblygu" dros <u>filiynau o flynyddoedd</u>, yn hytrach nag ymddangos yn sydyn.

2) Dechreuodd bywyd ar y Ddaear yn <u>organebau syml oedd yn byw mewn dŵr</u> ac yn raddol esblygodd popeth o hynny. Cymerodd <u>3,000,000,000 o flynyddoedd</u> i wneud hyn.

Fe esblygodd Pincod Darwin i fod yn Addas ar gyfer Gwahanol Ynysoedd

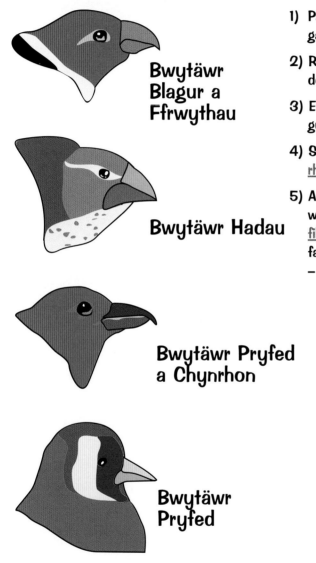

Bwytäwr Blagur a Ffrwythau

Bwytäwr Hadau

Bwytäwr Pryfed a Chynrhon

Bwytäwr Pryfed

1) Pan aeth Darwin i <u>Ynysoedd y Galapagos</u>, fe welodd fod gan lawer o'r ynysoedd rywogaethau unigryw o <u>bincod</u>.

2) Roed gan bob pinc <u>big</u> a chorff a oedd wedi'i <u>addasu'n</u> dda ar gyfer y math o fwyd a oedd ar ei hynys arbennig.

3) Er mai <u>rhywogaethau gwahanol</u> oedd y pincod, roeddent i gyd yn edrych yn <u>debyg iawn</u> i'w gilydd.

4) Sylweddolodd Darwin fod y pincod wedi <u>esblygu</u> o'r un <u>rhywogaeth hynafol</u>.

5) Awgrymodd fod ychydig o bincod oedd yn bwyta hadau wedi hedfan i'r ynysoedd o'r tir mawr, yn wreiddiol. Dros <u>filiynau o flynyddoedd</u> fe wnaeth y pincod addasu i fanteisio ar y ffynonellau bwyd ar y gwahanol ynysoedd – ac fe wnaethant esblygu yn wahanol rywogaethau.

Mae Ffosiliau'n Rhoi Tystiolaeth o hyn

1) Mae <u>ffosiliau</u>'n rhoi llawer o <u>dystiolaeth</u> o esblygiad.

2) Maent yn dangos sut mae rhywogaethau'r presennol wedi <u>newid a datblygu</u> dros <u>filiynau o flynyddoedd</u>.

3) Mae nifer o "<u>ddolennau coll</u>", fodd bynnag, am fod cofnod y ffosiliau'n anghyflawn.

4) Y rheswm dros hyn yw mai ychydig iawn iawn o blanhigion ac anifeiliaid marw sy'n troi'n ffosiliau.

5) Mae'r mwyafrif yn <u>pydru'n llwyr</u>.

Peidiwch gwastraffu amser yn ymbincio, cymerwch amser i ddysgu'r gwaith yn iawn ...

Mae angen i chi wybod yn union beth yw damcaniaeth esblygiad, oherwydd gallant ofyn hyn i chi mewn Arholiad. Mae angen i chi gofio bod ffosiliau yn rhoi tystiolaeth gadarn i gefnogi'r ddamcaniaeth esblygiad, fel y gwna y dosbarthiad a'r tebygrwydd rhwng sawl rhywogaeth byw – megis Pincod Darwin. <u>Dysgwch ac ysgrifennwch</u>.

Difodiant

Mae Difodiant yn Newyddion Eithaf Drwg

Dim ond Ffosiliau sy'n dangos eu bod wedi Bodoli o Gwbl.

1) Mae'r dinosoriaid a'r mamoth blewog wedi difodi. Mae hyn yn golygu eu bod wedi diflannu o wyneb y Ddaear.

2) Dim ond ffosiliau sy'n dangos eu bod wedi bodoli o gwbl (ac ambell i stori rhewlif amheus).

3) Mae yna lawer o filoedd o rywogaethau o blanhigion ac anifeiliaid sydd wedi mynd a dod hefyd.

Mae tair ffordd y gall rhywogaeth ddifodi:

1) Mae'r amgylchedd yn newid yn rhy gyflym.

2) Mae ysglyfaethwr neu glefyd newydd yn eu lladd hwy i gyd.

3) Ni allant gystadlu â rhywogaeth arall (newydd) am fwyd.

Mae Difodiant yn Digwydd pan fo'r Amgylchedd yn Newid yn Rhy Gyflym

1) Wrth i'r amgylchedd newid yn araf, bydd yn raddol yn ffafrio rhai nodweddion ymhlith aelodau'r rhywogaeth. Dros sawl cenhedlaeth bydd y nodweddion hynny'n amlhau.
2) Yn y modd hwn mae'r rhywogaeth yn addasu'n gyson i newidiadau yn ei hamgylchedd.
3) Ond os bydd yr amgylchedd yn newid yn rhy gyflym, gallai'r rhywogaeth gyfan gael ei dileu, h.y. difodiant …

Cafodd y Dinosoriaid, fwy na thebyg, eu Lladd gan Feteor Mawr.

1) Achos tebygol marwolaeth y dinosoriaid oedd meteor enfawr (neu gomed) yn taro'r Ddaear. Byddai gwrthdrawiad o'r fath wedi taflu miliynau o dunelli o lwch i'r atmosffer.
2) Byddai hyn yn atal pelydrau'r haul rhag cyrraedd wyneb y Ddaear ac yn newid yr hinsawdd yn gyfan gwbl, dros nos, ar draws y byd. Byddai hyn yn ei gwneud hi'n oer iawn.
3) Ni fyddai llawer o rywogaethau yn medru addasu i'r fath newidiadau disymwth a llym yn eu hamgylchedd ac mi fyddent yn marw yn gyflym iawn. Roedd y dinosoriaid yn un o'r rhain.
4) Ond mi wnaeth ein cyndeidiau oroesi ac mi rydym ni yma heddiw, 65 miliwn o flynyddoedd yn ddiweddarach, yn ei weithio fe i gyd allan.

Peidiwch â throi drosodd a marw – dysgwch y ffeithiau …

Tudalen ddigon hawdd ei dysgu. Defnyddiwch y dull traethawd byr. Gwnewch yn siŵr eich bod yn dysgu pob ffaith. Ni wnaeth y dinosoriaid adolygu yn ddigon manwl ac edrychwch beth ddigwyddodd iddyn nhw. (Er hynny mi wnaethant bara am dros 200 miliwn o flynyddoedd, sef 199.9 miliwn yn fwy na wnaethom ni, hyd yn hyn …)

Materion yn ymwneud â Geneteg

Nid ffeithiau caled oer yw gwyddoniaeth bellach. Mae llawer o drafod ynglŷn ag a yw gwyddoniaeth yn beth da neu'n beth drwg. Gelwir yr <u>holl gwestiynau moesol hyn</u> yn "<u>faterion moesegol</u>". Beth bynnag a gredwch, er mwyn cael y marciau mewn cwestiwn arholiad, <u>rhaid i chi ddysgu</u> beth yw'r gwahanol faterion:

Bridio Detholus neu Geisio bod yn Dduw

Ar hyn o bryd mae bridio detholus yn gyfreithlon felly rhaid ei fod yn iawn?
Nid yw pawb o'r farn yma. Dysgwch beth yw'r pryderon a'r enghreifftiau a roddir.

1) Mae rhai pobl yn credu mai peth drwg yw <u>trin</u> natur i orfodi esblygiad anifeiliaid er ein mwyn ni yn unig.

2) Er enghraifft, cynhyrchu gwartheg fyddai'n <u>marw</u> os na fyddem yn eu godro, gan ein bod <u>wedi'u bridio</u> i gynhyrchu gormod o laeth. Neu bridio moch sy'n methu sefyll i fyny gan fod gormod o gig arnynt. Cred rhai fod hyn yn <u>greulon ac yn beth drwg</u>, ond cred eraill fod hyn yn ffordd o gynhyrchu <u>bwyd maethlon</u> am bris rhad.

3) Ar hyn o bryd nid oes cyfreithiau i atal bridio detholus, ac fe wêl y rhan fwyaf o bobl hyn yn arferiad ffermio <u>normal</u>.

Clonio – Llwyddiant Meddygol neu Gam yn Rhy Bell

1) Y prif bryder ynglŷn a chlonio ar hyn o bryd yw clonio <u>embryonau dynol</u>.

2) Mae sawl grŵp o wyddonwyr eisiau clonio embryonau dynol er mwyn cael <u>meinweoedd</u> ac <u>organau</u> i gymryd lle y rhai diffygiol mewn pobl sydd eu hangen.

3) Mae llawer o bobl yn marw ar hyn o bryd am fod eu cyrff yn <u>gwrthod</u> yr organau a drawsblannwyd. Pe defnyddir organau o embryonau a gafodd eu clonio o hwy eu hunain byddai hyn yn achub eu bywydau.

4) Mae rhai gwledydd (gan gynnwys <u>Prydain</u> a <u>Japan</u>) wedi gwahardd clonio embryonau dynol am eu bod yn credu bod hyn yn anfoesol. Mae pobl yn dadlau bod creu bywyd newydd er mwyn creu rhannau sbâr ac yna ei ladd yn <u>beth drwg</u>. Er hyn mae llawer o wledydd yn caniatáu <u>erthyliad</u> embryonau ar yr adeg hyn o'u bywyd.

Peirianneg Genetig neu Anghenfil Frankenstein

Ceir llawer o faterion yn ymwneud a pheirianneg genetig. Dysgwch y pedwar yma:

1) Un broblem fawr gyda dyfodol peirianneg genetig dynol yw'r broblem "Baban wedi ei ddylunio" y sonnir amdano ar y dudalen nesaf.

2) Efallai y gall newid gwneuthuriad genetig unrhyw organebau effeithio ar ecosystemau mewn ffyrdd <u>na ellir eu rhagfynegi</u> mewn arbrofion laprdy.

3) Fe all corfforaethau hadau mawr wneud yn siŵr eu bod yn cael arian bob blwyddyn trwy werthu planhigion sydd <u>ddim yn cynhyrchu had ffrwythlon</u>, neu drwy gynhyrchu planhigion sydd yn ymateb i'w gwrteithiau <u>hwy</u> yn unig.

4) Gall peirianneg genetig hefyd olygu ein bod yn cynhyrchu cnydau sy'n tyfu mewn lleoedd na fedrent dyfu ynddynt cynt, gan <u>achub bywydau</u> mewn sychder a chaniatáu ffermio mewn hinsoddau rhewllyd.

Rhan Duw gafodd Bari yn nrama'r geni – ond fi oedd y seren ...

Mae'n anodd dygymod a'r materion moesegol yma gan fod yna lai o ffeithiau a mwy o farn. Gwnewch yn siŵr eich bod yn <u>dysgu</u> beth yw'r materion moesegol <u>gyda'r enghreifftiau</u>. Pan gewch gwestiwn yn yr arholiad yn gofyn i chi fynegi barn ar faterion moesegol, nodwch y pwyntiau yma i gyd yn gyntaf ac <u>yna</u> mynegwch eich barn.

Project Y Genom Dynol

Dyma un o'r pethau <u>mwyaf cyffrous</u> i ddigwydd mewn gwyddoniaeth ers hydoedd.

Dywed rhai ei fod "yn fwy cyffrous na'r glaniad cyntaf ar y lleuad", neu chwilio am "<u>Greal Sanctaidd Gwyddoniaeth</u>". Efallai y dylent fynd allan fwy.

Mapio y 30,000 o Enynnau Dynol

Y syniad mawr oedd darganfod beth oedd <u>pob</u> un o'r genynnau dynol yn ei wneud. Mae <u>3 biliwn</u> pâr o fasau mewn DNA dynol, sy'n gwneud 30,000 o enynnau wedi eu troelli i ffurfio 23 cromosom. Erbyn hyn maent wedi gorffen y gwaith.

> Os cewch chi gwestiwn arholiad ar hwn fe ofynnant i chi beth sy'n dda amdano, beth sy'n ddrwg amdano neu beth sy'n dda ac yn ddrwg amdano.

Dyma'r pethau da a'r pethau drwg amdano – <u>dysgwch</u> nhw ac ysgrifennwch nhw i lawr yn yr arholiad:

Y Pethau Da – gall Atal llawer o Ddioddefaint

1) Rhagfynegi ac atal clefydau

Byddai'r meddygon yn gwybod bod gan rywun y genynnau sy'n cynyddu ei siawns o ddal clefyd. Byddent yn gallu eu harchwilio yn rheolaidd i ddal a thrin y clefyd, a rhoi cyngor ynglŷn â'r diet a'r ffordd o fyw y dylid eu hosgoi. Yn well fyth, gellir dod o hyd i ffyrdd o iachau clefydau megis ffibrosis y bledren ac anaemia cryman-gell.

2) Datblygu moddion newydd a gwell

Gall gwybod yn union beth sy'n achosi clefyd ei wneud yn haws darganfod moddion i'w dargedu, a gellir gwneud moddion sydd wedi ei gynllunio i weithio orau ar gyfer unigolion.

3) Diagnosis cywir

Mae'n anodd cynnal prawf am rhai clefydau (e.e. gellir ond dweud i sicrwydd bod gan rywun y clefyd Alzheimer ar ôl iddynt farw), ond nawr y gwyddom ei achos genetig, bydd profi amdano yn haws. Mae'n llawer haws trin rhywbeth os ydych yn gwybod beth ydyw.

Y Pethau Drwg – Mae'n Fyd Brawychus pan nad ydych yn Berffaith

Mae'n hawdd gweld sut y gall gwybod mwy am y corff dynol fod o fudd, ond mae'r wybodaeth yn medru bod yn hunllef. Dyma <u>bedwar</u> peth drwg a allai fod yn llechu yn y dyfodol.

1) Straen

BETH ALLAI DDIGWYDD: bydd rhywun yn gwybod o oed ifanc ei fod yn debygol o ddioddef o glefyd cas ar yr ymennydd. Efallai na chânt mohono, ond mi fyddant yn poeni bob tro y byddant yn cael cur pen.

2) Genyn-iaeth

BETH ALLAI DDIGWYDD: Mae cod genetig pawb yn dod yn wybodaeth cyffredin ac fe edrychir i lawr ar y bobl sydd â phroblemau genetig gan y bobl sy'n "enetig iach". Mae'r bobl sydd â phroblemau genetig yn cael anhawster cael perthynas ac maent o dan bwysau i beidio a chael plant.

3) Gwahaniaethu gan gyflogwyr ag yswirwyr

BETH ALLAI DDIGWYDD: Efallai na fydd yn bosibl cael yswiriant bywyd neu mi fydd yn ddrud iawn os oes gennych unrhyw bosibiliad genetig o ddatblygu afiechyd. Mi fydd yn fwy anodd cael swydd unwaith bydd y ffurflenni i gyd yn cynnwys adran ar eich iechyd genetig.

4) Babanod wedi'u Dylunio

BETH ALLAI DDIGWYDD: Gall meddygon reoli'n union pa enynnau fydd yn cael eu trosglwyddo i'r baban. Dydy pobl ddim eisiau i'w baban gael clefydau genetig, neu fod yn fygythiol, neu fod yn dwp, neu wisgo sbectol, neu gael clustiau mawr... a.y.b. Mae rhaid i bawb wneud eu baban nhw yn fwy a mwy "perffaith" er mwyn iddynt ffitio i fewn gyda'r holl fodelau di-glefyd, clyfar eraill fydd yn crwydro o gwmpas.

Peidiwch â gwneud hwyl am ben fy ngwneuthuriad Genetig ...

Os na fedrwch ddeall sut all y genom dynol fod yn newyddion drwg yna gwyliwch y ffilm "Gattaca". Mae'r enw wedi dod o lythrennau cyntaf y pedwar pâr o fasau (Gwanin, Adenin, Thymin a Cytosin). Cŵl.

Crynodeb Adolygu Adran Pump

Defnyddiwch y cwestiynau hyn i weld beth rydych yn ei wybod – a beth nad ydych yn ei wybod. Yna dysgwch eto y rhannau nad ydych yn sicr ohonynt. Yna rhowch gynnig arall ar y cwestiynau, a chynnig arall.

1) Beth yw'r ddau fath o amrywiad? Pa fath o amrywiad a ddangosir gan efeilliaid?

2) A yw'r amgylchedd yn effeithio'n fwy ar blanhigion nag ar anifeiliaid ?

3) Rhestrwch bedair o nodweddion anifeiliaid nad yw'r amgylchedd yn effeithio arnynt o gwbl a phedair y mae'r amgylchedd yn effeithio arnynt.

4) Lluniwch set o ddiagramau yn dangos y berthynas rhwng: cell, cnewyllyn, cromosom, genynnau a DNA.

5) Cyfarwyddiadau cemegol yw genynnau. Pa gyfarwyddiadau a roddir ganddynt?

6) Sawl pâr o gromosomau sydd yng nghnewyllyn cell ddynol normal?

7) Beth sy'n digwydd i nifer y cromosomau pan fydd wyau a sbermau yn cael eu cynhyrchu?

8) Beth sy'n digwydd i nifer y cromosomau yn ystod ffrwythloniad?

9) Ym mha gyswllt y mae'r cromosomau X ac Y yn bwysig? Pwy sydd â pha gyfuniad?

10) Lluniwch ddiagram etifeddu genetig i ddangos sut y trosglwyddir y cromosomau X ac Y.

11) Esboniwch sut y mae hyn yn rhoi nifer cyfartal o fechgyn a merched.

12) Beth yw atgynhyrchu anrhywiol? Rhowch ddiffiniad cywir ohono.

13) Beth yw clonau?

14) Rhowch enghraifft gyffredin o glonau.

15) Sut mae clonio planhigion?

16) Rhowch bedwar diffiniad o fwtaniad. Rhestrwch y pedwar prif ffactor sy'n achosi mwtaniad.

17) Rhowch enghraifft o fwtaniadau niweidiol, niwtral a buddiol.

18) Beth yw symptomau Syndrom Down? Eglurwch pam mai mwtaniad ydyw.

19) Rhestrwch symptomau a thriniaeth ffibrosis y bledren. Beth sy'n achosi'r clefyd hwn?

20) Pa brawf fydd yn dangos fod plentyn yn debygol o gael ei eni â ffibrosis y bledren?

21) Rhestrwch symptomau Corea Huntington. Beth sy'n achosi'r clefyd hwn?

22) Nodwch yr hyn sy'n achosi anaemia cryman-gell a'i symptomau. Pam nad yw'r clefyd wedi diflannu?

23) Ar ba adeg fydd plentyn yn debygol o ddatblygu Corea Huntington?

24) Disgrifiwch y drefn sylfaenol ar gyfer bridio detholus (yng nghyswllt buchod). Rhowch bedwar enghraifft arall.

25) Beth yw prif anfantais bridio detholus mewn a) ffermio b) cŵn o dras?

26) Disgrifiwch yn fanwl y tair ffordd y gall ffosiliau ffurfio. Rhowch enghraifft o bob un.

27) Eglurwch sut mae'r tebygrwydd rhwng rhywogaethau heddiw yn cefnogi damcaniaeth esblygiad. Cyfeiriwch at bincod Darwin.

28) Eglurwch sut mae'r ffosiliau a geir mewn creigiau'n cefnogi damcaniaeth esblygiad.

29) Beth yw ystyr difodiant? Beth sy'n achosi difodiant?

30) Beth wnaeth achosi marwolaeth y dinosoriaid yn ôl pob tebyg? A oes rhywogaethau eraill wedi difodi?

31) Beth yw'r materion moesegol ynglŷn a 'bridio detholus' a 'chlonio'?

32) Beth yw project y genom dynol? Rhestrwch dri pheth da a thri pheth drwg amdano.

Maint Poblogaethau

Mae Pedwar Ffactor yn effeithio ar Organebau Unigol

Mae'r pedwar ffactor ffisegol hyn yn amrywio yn ystod y dydd a'r flwyddyn. Gall organebau <u>fyw</u>, <u>tyfu</u>, ac <u>atgenhedlu</u> yn y mannau hynny, ac ar yr adegau hynny, pan fydd yr amodau hyn yn addas.

1) Y <u>tymheredd</u> – yn anaml iawn y bydd hwn yn ddelfrydol i unrhyw organeb.
2) Faint o <u>ddŵr</u> sydd ar gael – yn angenrheidiol ar gyfer pob organeb fyw.
3) <u>Faint o olau sydd ar gael</u> – yn bwysig iawn i blanhigion, ond hefyd yn effeithio ar allu anifeiliaid i weld.
4) <u>Ocsigen</u> a <u>charbon deuocsid</u> – mae'r rhain yn effeithio ar resbiradaeth a ffotosynthesis.

Mae Maint unrhyw Boblogaeth yn dibynnu ar Bum Ffactor

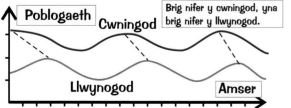

1) <u>Cyfanswm yr holl fwyd</u> neu faetholynnau sydd ar gael.
2) Faint o <u>gystadleuaeth</u> sydd (o rywogaethau eraill) am yr un bwyd neu faetholynnau.
3) Faint o <u>olau sydd ar gael</u> (dim ond i blanhigion y mae hyn yn berthnasol mewn gwirionedd).
4) <u>Nifer</u> yr <u>ysglyfaethwyr</u> (neu borfawyr) a all fwyta'r anifail (neu'r planhigyn) dan sylw.
5) <u>Clefyd</u>.

Mae'r holl ffactorau hyn yn helpu i egluro pam mae'r <u>math</u> o organebau yn amrywio o <u>le i le</u> ac o <u>un adeg i'r llall</u>.

Mae dynameg poblogaethau planhigion ac anifeiliaid yn eithaf tebyg mewn gwirionedd.
Mae <u>planhigion</u> yn aml yn cystadlu yn erbyn ei gilydd am <u>le</u>, ac am <u>ddŵr</u> a <u>maetholynnau</u> o'r pridd.
Mae <u>anifeiliaid</u> yn aml yn cystadlu yn erbyn ei gilydd am <u>le</u>, <u>bwyd</u>, a <u>dŵr</u>.

Yn gyffredinol bydd organebau yn ffynnu orau os:

1) Bydd digon o <u>hanfodion bywyd</u> ar eu cyfer: bwyd, dŵr, lle, cysgod, golau, a.y.b.
2) Byddant yn well na'r <u>cystadleuwyr</u> eraill am gael y pethau uchod (wedi addasu'n well).
3) Na chânt eu <u>bwyta</u>.
4) Na fyddant yn sâl.

Mae poblogaethau Ysglyfaethau ac Ysglyfaethwyr yn mynd mewn cylchredau

Mewn cymuned sy'n cynnwys ysglyfaethau ac ysglyfaethwyr (sy'n wir am y rhan fwyaf ohonynt):
1) Mae maint <u>poblogaeth</u> unrhyw rywogaeth yn cael ei <u>gyfyngu</u> gan faint o <u>fwyd</u> sydd ar gael.
2) Os bydd poblogaeth yr <u>ysglyfaeth</u> yn cynyddu, bydd poblogaeth yr <u>ysglyfaethwyr</u> yn cynyddu hefyd.
3) Ond wrth i boblogaeth yr ysglyfaethwyr <u>gynyddu</u>, bydd nifer yr ysglyfaethau yn <u>lleihau</u>.

Poblogaeth
Cwningod

Brig nifer y cwningod, yna brig nifer y llwynogod.

Llwynogod   Amser

h.y. Mae <u>mwy o borfa</u> yn golygu <u>mwy o gwningod</u>.
Mae mwy o gwningod yn golygu <u>mwy o lwynogod</u>.
Ond mae mwy o lwynogod yn golygu <u>llai o gwningod</u>.
Yn y pen draw bydd llai o gwningod yn golygu <u>llai o lwynogod eto</u>.
Bydd y <u>patrwm i fyny ac i lawr</u> hwn yn parhau ...

Peidiwch â gadael i'r gwaith gael y gorau arnoch ...

Testun rhyfedd ydy maint poblogaethau. Mae'n swnio fel synnwyr cyffredin, ond mae'n gallu bod braidd yn ddryslyd. <u>Os dysgwch yr holl bwyntiau ar y dudalen hon</u>, dylech wybod yr hyn sydd ei angen arnoch am faint poblogaethau.

Addasu a Goroesi

Os <u>dysgwch y nodweddion</u> sy'n golygu bod yr anifeiliaid hyn wedi addasu'n dda, gallwch eu cymhwyso i unrhyw anifail tebyg a gewch mewn cwestiwn Arholiad.

Mae'n eithaf posibl y cewch gwestiwn am y <u>camel</u>, y <u>cactws</u> neu'r <u>arth wen</u> beth bynnag.

Yr Arth Wen – wedi'i Haddasu ar gyfer Amodau'r Arctig

Mae gan yr <u>arth wen</u> yr holl nodweddion hyn: (sydd hefyd gan <u>sawl creadur arall yn yr Arctig</u>)

1) Yn <u>fawr o ran ei maint</u> ac yn <u>gryno o ran ei siâp</u> (h.y. yn grwn), gyda chlustiau bach, i gadw'r <u>arwynebedd arwyneb</u> yn isel (o'i gymharu â phwysau'r corff) – fel na fydd yn <u>colli gormod o wres</u>.

2) Haen drwchus o <u>floneg</u> er mwyn <u>ynysu</u> ei hun a hefyd i'w chynnal ei hun ar adegau anodd pan fydd bwyd yn brin.

3) <u>Cot flewog drwchus</u> i gadw gwres y corff i mewn.

4) <u>Ffwr seimllyd</u> sy'n bwrw dŵr ar ôl nofio i <u>osgoi oeri</u> o ganlyniad i anweddu.

5) <u>Ffwr gwyn</u> fel cuddliw i weddu i'r <u>amgylchedd</u>.

6) <u>Nofiwr cryf</u> i ddal bwyd yn y dŵr a <u>rhedwr cryf</u> i ddal ysglyfaeth ar y tir.

7) <u>Traed mawr</u> i <u>ledu'r pwysau</u> ar eira ac ar iâ.

Y Camel – wedi ei addasu ar gyfer Amodau'r Diffeithdir

Mae gan y <u>camel</u> yr holl nodweddion hyn: (a nifer ohonynt gan <u>greaduriaid eraill y diffeithdir</u>)

1) Gall <u>storio</u> llawer o <u>ddŵr</u> heb drafferth. Gall yfed hyd at <u>20 galwyn</u> ar y tro.

2) Nid yw'n colli fawr ddim dŵr. Dim ond <u>ychydig o droeth</u> a gynhyrchir ganddo a fawr ddim <u>chwys</u>.

3) Gall oddef <u>newidiadau mawr</u> yn <u>nhymheredd ei gorff</u> fel nad oes angen chwysu.

4) <u>Traed mawr</u> i <u>ledu'r llwyth</u> ar dywod meddal.

5) Mae'r holl <u>fraster</u> yn cael ei storio yn y <u>crwb</u>, does <u>dim haenen</u> o fraster ar y corff. Mae hyn yn ei helpu i <u>golli</u> gwres o'r corff.

6) <u>Arwynebedd arwyneb mawr</u>. Mae siâp y camel yn bell o fod yn gryno, sy'n rhoi mwy o arwynebedd arwyneb i <u>golli gwres y corff</u> i'w amgylchedd.

7) Mae ei <u>liw tywod</u> yn <u>guddliw</u> da.

Mae'r Cactws wedi addasu'n dda ar gyfer y Diffeithdir hefyd

1) <u>Nid oes ganddo ddail</u> – i <u>leihau faint o ddŵr a gollir</u>.

2) Mae ganddo <u>arwynebedd arwyneb bach</u> o'i gymharu â'i faint, sydd hefyd yn <u>lleihau y dŵr a gollir</u>. (1000 x yn llai na phlanhigion normal)

3) Mae'n <u>storio dŵr</u> yn y coesyn suddlon trwchus.

4) <u>Drain</u> bach i atal llysysyddion ei <u>fwyta</u>.

5) Gwreiddiau <u>bas</u> ond yn ymledu dros ardal eang <u>amsugno</u> yr ychydig ddŵr sydd ar gael yn gyflym.

Adran Chwech - Amgylchedd

Pyramidiau Niferoedd a Biomas

Mae hyn yn hawdd hefyd. Gwnewch yn siŵr eich bod yn gwybod ystyr y pyramidiau i gyd.

Bob tro yr ewch i fyny lefel, mae llai ohonyn nhw ...

5000 dant y llew ... yn bwydo ... 100 cwningen ... sy'n bwydo ... un llwynog.

Hynny yw, bob tro yr ewch i fyny un lefel bydd nifer yr organebau'n lleihau – cryn dipyn. Mae'n cymryd llawer o fwyd o'r lefel is i gadw un anifail yn fyw.
Felly, fe gawn y pyramid niferoedd:

Pyramid niferoedd nodweddiadol:

1 Llwynog
100 Cwningen
5000 Dant y llew

Dyma'r syniad sylfaenol. Ond mae achosion lle nad yw'r pyramid yn byramid o gwbl:

Weithiau bydd Pyramidiau Niferoedd yn Edrych yn Anghywir

Mae hwn yn byramid ar wahân i'r haen uchaf sy'n enfawr:

500 o Chwain
1 Llwynog
100 Cwningen
5000 Dant y llew

Mae hwn yn byramid ar wahân i'r haen isaf sy'n rhy fach o lawer:

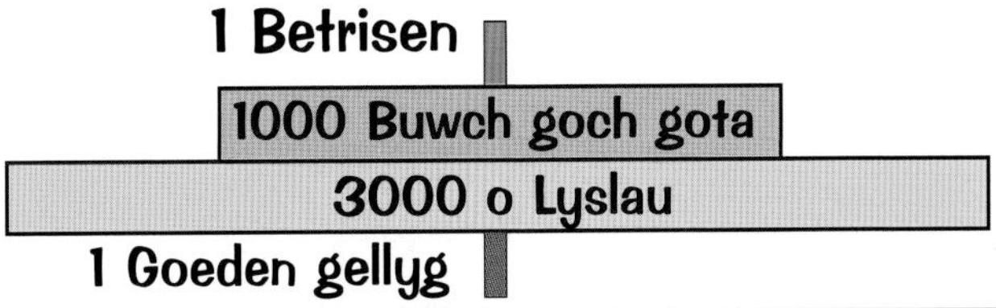

1 Betrisen
1000 Buwch goch gota
3000 o Lyslau
1 Goeden gellyg

Dyw pyramidiau Biomas Byth yn Edrych yn Anghywir

Pan fydd pyramidiau niferoedd yn edrych yn anghywir fel hyn, gallwn droi at fath arall o byramid, sef pyramid biomas. Ystyr biomas yw faint fyddai'r holl greaduriaid ar bob lefel yn ei "bwyso" o'u rhoi nhw gyda'i gilydd. Felly, byddai'r un goeden gellyg â biomas mawr a byddai gan y cannoedd o chwain fiomas bach iawn. Mae'r siâp cywir gan byramidiau biomas bob amser:

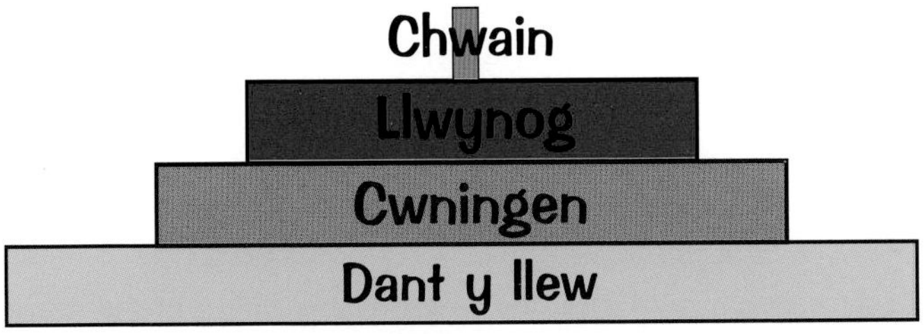

Chwain
Llwynog
Cwningen
Dant y llew

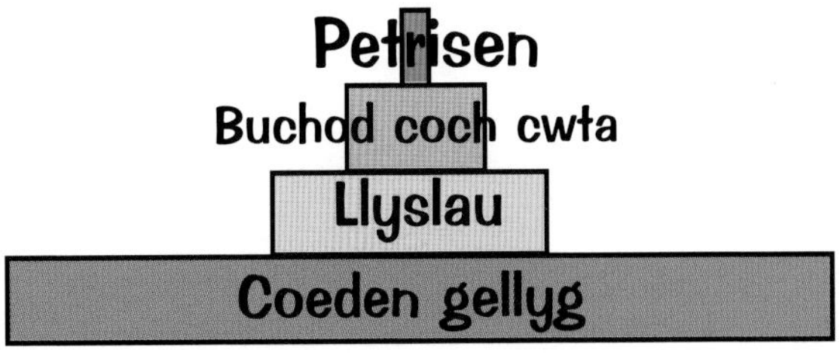

Petrisen
Buchod coch cwta
Llyslau
Coeden gellyg

Mewn gwirionedd pyramidiau biomas yw'r unig ffordd synhwyrol o wneud hyn – ond mae pyramidiau niferoedd yn haws eu deall.

Nawr blant, ydych chi'n deall hyn i gyd ...

... anhygoel o hawdd ...

Adran Chwech - Amgylchedd

Trosglwyddo Egni a Bwyd Effeithlon

Mae'r holl Egni'n Diflannu Rhywfodd ...

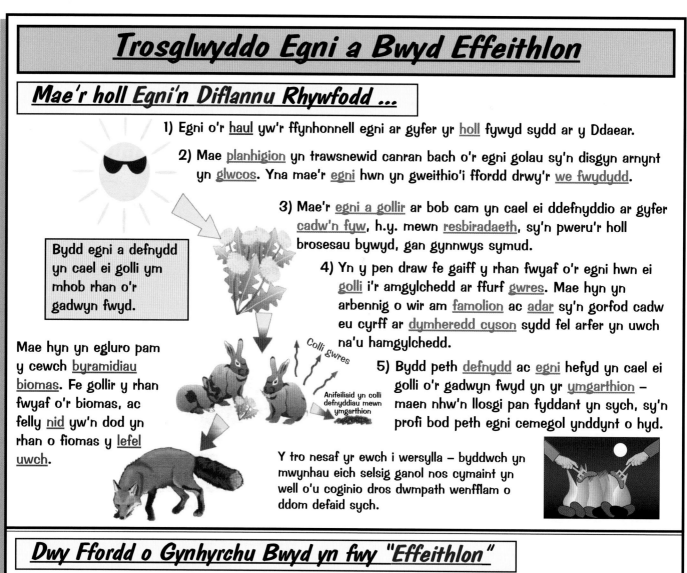

1) Egni o'r haul yw'r ffynhonnell egni ar gyfer yr holl fywyd sydd ar y Ddaear.

2) Mae planhigion yn trawsnewid canran bach o'r egni golau sy'n disgyn arnynt yn glwcos. Yna mae'r egni hwn yn gweithio'i ffordd drwy'r we fwydydd.

3) Mae'r egni a gollir ar bob cam yn cael ei ddefnyddio ar gyfer cadw'n fyw, h.y. mewn resbiradaeth, sy'n pweru'r holl brosesau bywyd, gan gynnwys symud.

4) Yn y pen draw fe gaiff y rhan fwyaf o'r egni hwn ei golli i'r amgylchedd ar ffurf gwres. Mae hyn yn arbennig o wir am famolion ac adar sy'n gorfod cadw eu cyrff ar dymheredd cyson sydd fel arfer yn uwch na'u hamgylchedd.

5) Bydd peth defnydd ac egni hefyd yn cael ei golli o'r gadwyn fwyd yn yr ymgarthion – maen nhw'n llosgi pan fyddant yn sych, sy'n profi bod peth egni cemegol ynddynt o hyd.

Bydd egni a defnydd yn cael ei golli ym mhob rhan o'r gadwyn fwyd.

Colli gwres

Anifeiliaid yn colli defnyddiau mewn ymgarthion

Mae hyn yn egluro pam y cewch byramidiau biomas. Fe gollir y rhan fwyaf o'r biomas, ac felly nid yw'n dod yn rhan o fiomas y lefel uwch.

Y tro nesaf yr ewch i wersylla – byddwch yn mwynhau eich selsig ganol nos cymaint yn well o'u coginio dros dwmpath wenfflam o ddom defaid sych.

Dwy Ffordd o Gynhyrchu Bwyd yn fwy "Effeithlon"

1) Lleihau nifer y lefelau mewn cadwyni bwyd

1) Gellir cynhyrchu llawer mwy o fwyd (ar gyfer pobl) ar ddarn o dir o arwynebedd penodol drwy dyfu cnydau na thrwy bori anifeiliaid. Mae hynny'n wir gan eich bod yn lleihau y nifer o lefelau yn y gadwyn fwyd. Dim ond 10% o'r hyn y bydd gwartheg cig eidion yn ei fwyta a ddaw'n gig defnyddiol i bobl ei fwyta.

2) Er hynny, cofiwch y gall bwyta cnydau yn unig arwain at ddiffyg maeth yn fuan oherwydd diffyg proteinau a mwynau hanfodol, oni cheir diet digon amrywiol. Cofiwch hefyd fod peth tir yn anaddas ar gyfer cnydau, e.e. gweundir. Yn y mannau hynny yn aml, anifeiliaid fel defaid a cheirw yw'r ffordd orau o gael bwyd o'r tir.

2) Cyfyngu ar yr Egni a gollir gan Anifeiliaid Fferm

1) Mewn gwledydd "gwareiddiedig", fel ein gwlad ni, gwneir ymdrech i sicrhau y caiff egni ei drosglwyddo yn fwy effeithlon drwy fagu anifeiliaid megis moch a ieir mewn amodau caeth lle na allant ond prin symud a lle cânt eu cadw'n gynnes gan wres artiffisial, er mwyn cadw eu colledion egni mor isel â phosibl.

2) Hynny yw, os cânt eu cadw'n ddigon llonydd a digon cynnes ni fydd angen eu bwydo cymaint. Mae mor syml ac ofnadwy a hynny. Os wnewch wrthod iddynt y pleserau symlaf yn eu bywydau bach byr ar y blaned hon cyn i chi eu bwyta, yna ni fydd yn costio llawer i chi eu bwydo.

3) Ond mae angen tir yn anuniongyrchol ar anifeiliaid fel ieir a moch sy'n cael eu magu'n ddwys a'u cadw mewn sied fach drwy gydol eu hoes. Mae'n rhaid iddynt gael eu bwydo, felly mae angen tir i dyfu eu "bwyd" arno. Felly a yw'n ormod i ofyn iddynt gael darn bach o dir yn yr haul yn rhywle ...?

Eich cau mewn caets heb olau haul – pwy fyddai'n gweithio mewn banc ...

Mae llawer o wybodaeth ar y dudalen hon – ac mae angen ei dysgu. Felly ewch ati yn y ffordd arferol. Dysgwch a mwynhewch ... ac ysgrifennwch.

Ecosystemau Rheoledig

Ecosystem Fferm Bysgod Eogiaid yn yr Alban

Problem: Mae bwyta pysgod yn dod yn fwy poblogaidd, ond mae'r stoc o bysgod yn lleihau.
Ateb: "Ffermydd pysgod" yn cael eu creu i fagu pysgod mewn ffordd reoledig.
Yr enghraifft orau yw'r ffermydd pysgod eogiaid ar Arfordir Gorllewin yr Alban:

1) Cedwir y pysgod mewn cewyll mewn moryd i'w diogelu rhag ysglyfaethwyr megis adar a morloi (a phobl) a hefyd i leihau'r egni a ddefnyddiant wrth nofio i chwilio am fwyd – h.y. fe'u cedwir yn llonydd fel y bydd mwy o egni yn cael ei drosglwyddo o un lefel droffig i'r nesaf.

2) Rhoddir pelenni bwyd iddynt, ond rheolir eu diet yn ofalus. Gwneir hyn i sicrhau y caiff y swm mwyaf posibl o egni ei drosglwyddo, ond hefyd i osgoi llygru'r foryd. Gallai gormod o fwyd ac ymgarthion o'r eogiaid achosi i ormod o facteria ddefnyddio'r ocsigen, fel na allai anifeiliaid barhau i fyw ar waelod y foryd.

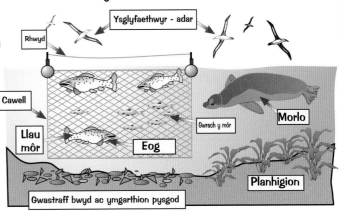

3) Fe gaiff yr wyau eu ffrwythloni'n artiffisial ac fe gaiff yr ifanc eu magu mewn tanciau arbennig i'w diogelu rhag ysglyfaethwyr ac i sicrhau y bydd cynifer ag sy'n bosibl yn byw.

4) Mae pysgod a gedwir mewn rhwydi yn dueddol o gael clefydau a pharasitiaid. Un pla yw llau pysgod. Gall y rhain gael eu trin a'r cemegyn Dichlorvos sy'n eu lladd.

5) Ond am fod plaleiddiaid cemegol yn dueddol o aros yn y foryd a niweidio creaduriaid eraill, defnyddir dulliau biolegol o reoli plâu os yw'n bosibl. Un enghraifft yw defnyddio pysgod bach o'r enw gwrachod y môr, sy'n bwyta llau pysgod oddi ar gefnau'r eogiaid, gan gadw'r stoc yn rhydd o lau.

Mae Ffermio Organig yn dal i fod yn Berffaith Ymarferol

Mae ffermio modern yn cynhyrchu llawer o fwyd o'r safon uchaf sydd i'w weld ar silffoedd yr archfarchnadoedd. Ond ni ellir disgrifio ffermio modern yn "ecosystem wedi'i rheoli'n ofalus". Mae pob techneg newydd mewn ffermio modern yn tueddu i greu amryw o ganlyniadau "annisgwyl" neu ganlyniadau "nad oedd neb yn hidio amdanynt".

Mae dulliau ffermio traddodiadol yn dal i weithio, ond mae'n cynhyrchu llai o fwyd am bob erw ac mae ychydig yn ddrutach hefyd. Yr ochr gadarnhaol i hyn yw bod yr ecosystem gyfan yn parhau mewn cydbwysedd, bod cefn gwlad yn dal i edrych yn hardd a bod yr anifeiliaid yn cael chwarae teg hefyd.

Gan fod Ewrop erbyn hyn yn gorgynhyrchu bwyd, efallai ei bod hi'n bryd rhoi sylw i'r pethau hyn yn hytrach na cheisio am "y cynnyrch bwyd mwyaf beth bynnag fo'r gost". Mae hi yn bosibl cynhyrchu digon o fwyd a chynnal ecosystem gytbwys. Y tri phrif beth y gellir eu gwneud yw:

1) Defnyddio gwrteithiau organig (h.y. gwasgaru tail ar y pridd).
2) Ailgoedwigo a "neilltuo" tir ar gyfer dolydd, i roi cyfle i blanhigion ac anifeiliaid gwyllt.
3) Defnyddio dulliau biolegol i reoli plâu. Gellir ceisio rheoli plâu sy'n gwneud drwg i gnydau â chreaduriaid eraill sy'n eu bwyta yn hytrach na defnyddio plaleiddiaid. Nid yw bob amser mor effeithiol, ond mae'n osgoi'r broblem o niweidio cadwynau bwydydd.

Pan ewch adref o ganol sŵn yr ysgol, dysgwch y ffeithiau ...

Gwnewch yn siŵr y gallwch roi disgrifiad da o "ecosystem gytbwys" ac "ecosystem wedi'i rheoli'n ofalus" gydag enghreifftiau. Dylech wybod pam mae ffermio organig yn cynrychioli ecosystem gytbwys yn wahanol i ddulliau modern o ffermio. Dysgwch hefyd am ffermydd pysgod ...

Cadwraeth

Lladd, lladd, lladd, o diar maen nhw i gyd wedi marw. Torri, torri, torri, o diar maen nhw'n ddigartref ... ac yn farw.

Gwarchod Rhywogaethau sydd mewn Perygl a'u Cynefinoedd

Rydym yn lladd planhigion ac anifeiliaid mewn dwy ffordd:
1) Yn uniongyrchol ar gyfer bwyd, cotiau ffwr, sbort, rheoli plâu a.y.b.
2) Trwy ddinistrio eu cynefinoedd.

Os gwneir hyn mewn ffordd reoledig yna bydd poblogaethau'r anifeiliaid a'r planhigion yn aros ar lefel gynaliadwy. Os gwneir hyn mewn ffordd afreolus, yna bydd rhywogaethau mewn perygl ac (os na wneir rhywbeth amdano) yn difodi.

Dysgwch yr enghreifftiau yma o'r broblem ym Mhrydain:

Enghraifft 1: Y Dylluan Wen Brydeinig yn Diflannu o'r tir

Mae'r Dylluan Wen yn hoff o ardaloedd agored gyda phorfa garw a gwrychoedd. Yma ceir digon o lygod y gwair, sef prif fwyd y Dylluan Wen. Mae'r Dylluan Wen yn byw ac yn nythu mewn ysguboriau a hen foncyffion.

Mae ffermio modern wedi dinistrio cynefin y Dylluan Wen mewn tair ffordd:
1) Newid ardaloedd o borfa garw, cloddiau a choed yn dir cnydau.
2) Dymchwel hen adeiladau fferm, neu eu troi yn gartrefi.
3) Gorddefnyddio plaleiddiaid sy'n medru gwenwyno llygod y gwair a llygod eraill.
4) Peth o'r tir hela gorau sydd ar ôl yw'r porfa garw ar ochr y ffordd. Oherwydd hyn mae nifer o Dylluanod Gwyn wedi cael eu lladd gan gerbydau sy'n mynd heibio.

I achub y Dylluan Wen mae angen i ni :
1) Ailblannu gwrychoedd.
2) Galluogi ardaloedd o dir i droi yn ôl yn gynefinoedd tawel er mwyn cynyddu niferoedd llygod y gwair a llygod eraill.
3) Gosod blychau nythu mewn ysguboriau, a choed.
(Mae rhain yn cael eu gwneud yn raddol fel rhan o gynlluniau ffermio organig cynaliadwy)

Enghraifft 2 – Gorbysgota Penfras Gogledd yr Iwerydd

Panda a phys neu benfras a sglodion – mae pawb yn gwybod bod y panda yn brin, ond nid yw'r penfras ymhell ar ei ôl. Oherwydd gorbysgota y pysgodyn blasus hwn mi allai ddiflannu o'r Gogledd Iwerydd. Ceir cynllun pedair-rhan i geisio achub y penfras. Dysgwch hwn yn dda ar gyfer eich arholiad.

 1) Cwotâu pysgota i reoli nifer y pysgod sy'n cael eu lladd.

 2) Gwahardd yr hawl i ddal penfras ifanc er mwyn gwneud bwyd i anifeiliaid.

3) Gwahardd pysgota am dri mis yn ystod y cyfnod silio.

4) Defnyddio rhwydi â rhwyllau sy'n gadael y penfras ifanc i ddianc.

Cychwynnwyd ar y cynllun adferiad hwn ym Mehefin 2001. Os yw'n gweithio'n dda, erbyn hyn dylai Môr y Gogledd gynhyrchu 10 gwaith mwy o benfras nag a ddaliwyd yn 2000.

Dodo mewn cytew os gwelwch yn dda ...

Bydd cwestiynau ar gadwraeth yn ymddangos yn fwyfwy aml mewn arholiadau, felly rhowch eich penfras a sglodion mewn saws tylluan wen i lawr, a dysgwch yr enghreifftiau. Os ydyn nhw'n gofyn am enghraifft o ddinistrio cynefin soniwch am y dylluan wen. Os ydyn nhw'n gofyn am orbysgota rhowch iddynt stori'r penfras. Syml!

Problemau a Achosir gan Ffermio

Mae Ffermio'n Cynhyrchu Llawer o Fwyd, sy'n beth da ond ...

1) Mae ffermio dwys yn bwysig i ni am ei fod yn ein caniatáu i gynhyrchu llawer o fwyd o lai a llai o dir.

2) Erbyn hyn mae'n ddiwydiant eithaf uwch dechnegol. Mae cynhyrchu bwyd yn fusnes mawr.

3) Y fantais fawr yw amrywiaeth helaeth o fwydydd o'r safon uchaf, drwy gydol y flwyddyn, am brisiau rhad.

4) Mae hyn yn wahanol iawn i'r sefyllfa yn Mhrydain 50 mlynedd yn ôl, pryd y bu'n rhaid i'r llywodraeth ddogni bwyd am nad oedd digon ar gael i bawb.

... Gall Ffermio Dwys Ddinistrio'r Amgylchedd

Mae dulliau ffermio modern ac amaethyddiaeth yn rhoi i ni y gallu i gynhyrchu digon o fwyd i bawb. Ond mae pris mawr i'w dalu. Pris yr ydym eisoes yn ei dalu.

Gall dulliau ffermio modern wneud drwg i'r byd yr ydym yn byw ynddo. Caiff ei lygru, ei anharddu a'i amddifadu o fywyd gwyllt. Dyma'r prif effeithiau:

1) Cael gwared â gwrychoedd i greu caeau enfawr er mwyn ffermio'n fwy effeithlon. Mae hyn yn dinistrio cynefin naturiol llawer o greaduriaid gwyllt a gall arwain at erydu'r pridd yn ddifrifol.

2) Colli dolydd yn llawn o flodau gwyllt, colli coetiroedd naturiol a pherllannau o goed ceirios, colli caeau tonnog o wair a blodau a bryniau coediog a lonydd deiliog – y cwbl yn diflannu o fewn ychydig ddegawdau.

3) Mae defnyddio gwrteithiau yn ddiofal yn llygru afonydd a llynnoedd.

4) Mae plaleiddiaid yn tarfu ar gadwynau bwydydd ac yn lleihau poblogaethau llawer o bryfed, adar a mamolion.

5) Mae'n gwbl anweddus defnyddio dulliau dwys o gadw anifeiliaid, e.e. ieir batri a lloi tew mewn cewyll.

Mae'n bosibl ffermio'n effeithlon a diogelu'r amgylchedd ar yr un pryd. Ond bydd yn rhaid cyfaddawdu ar yr elw a'r effeithlonrwydd os ydym i osgoi troi ein cefn gwlad yn un ffatri fwyd ddiwydiannol fawr.

Rhaid i unrhyw ddatblygiad fod yn gynaliadwy

Hoff frawddeg Arholwyr yn ddiweddar yw "datblygiad cynaliadwy".

> Mae DATBLYGIAD CYNALIADWY yn cwrdd ag anghenion y boblogaeth heddiw heb niweidio gallu cenedlaethau'r dyfodol i gwrdd a'u hanghenion.

1) Mae ffermio a llosgi tanwydd ffosil yn angenrheidiol ar gyfer cynnal ein safonau byw presennol ac mae mwy a mwy o alw amdanynt wrth i'r boblogaeth gynyddu.

2) Ni all ein planed dderbyn mwy a mwy o gamdriniaeth. Y dyddiau yma ni all datblygwyr adeiladu gorsafoedd trydan enfawr a llenwi safleoedd tirlenwi fel y maent yn dymuno. Rhaid iddynt gymryd mwy o ofal i gynnal y cydbwysedd tyner ar y Ddaear – er enghraifft rhaid iddynt ystyried nwyon yr atmosffer a sut i waredu gwastraff.

3) Mae datblygiad cynaliadwy yn amgylcheddol gyfeillgar. Rhaid i'r mwyafrif o ddatblygiadau heddiw fedru parhau i'r dyfodol gan greu cyn lleied â phosibl o niwed i'r blaned.

4) Yn eich Arholiad, gwnewch yn siŵr eich bod yn cofio'r manylion am broblemau amgylcheddol a achosir gan ddatblygiad. Os wnânt ofyn i chi ysgrifennu traethawd, cofiwch sôn amdanynt a dangoswch eich "gwybodaeth wyddonol".

5) Rhaid i chi sôn am y pethau o'i blaid a'r pethau yn ei erbyn hefyd.

Dyna'r cyfan yw traethawd – ysgrifennu am y pethau o blaid, yna'r pethau yn erbyn, ac yna dod i gasgliad.

Cymaint i'w ddysgu, ond ychydig o amser i wneud hynny ...

Rhagor o broblemau amgylcheddol. Mae llawr o bethau gwaeth yn y byd nac adolygu. Felly dysgwch a mwynhewch. Dyma'r unig ffordd.

Problemau a Achosir gan Ffermio

Mae plaleiddiaid a gwrteithiau yn gemegion artiffisial sy'n cael eu gwasgaru'n helaeth ar dir amaethyddol bob blwyddyn. Ni sylwyd ar yr effeithiau niweidiol yn ddigon buan bob tro.

Mae Plaleiddiaid yn Tarfu ar Gadwynau Bwydydd

1) Chwistrellir plaleiddiaid ar y rhan fwyaf o gnydau i ladd y gwahanol bryfed a all niweidio'r cnydau.
2) Yn anffodus, maen nhw hefyd yn lladd llawer o bryfed diniwed megis gwenyn a chwilod.
3) Gall hyn achosi prinder bwyd i lawer o adar sy'n bwyta pryfed.
4) Mae plaleiddiaid yn tueddu i fod yn wenwynig ac mae perygl bob amser y caiff y gwenwyn ei drosglwyddo i anifeiliaid eraill (yn ogystal â phobl).

Pob dyfrgi'n bwyta llawer o lysywod

Plaleiddiad

Pob mân anifail yn bwyta llawer o blanhigion bach

Pob llysywen yn bwyta llawer o bysgod bach

Plaleiddiad yn rhedeg i'r afon

Planhigion bach yn amsugno ychydig o'r plaleiddiad

Pob pysgodyn bach yn bwyta llawer o fân anifeiliaid

Enghraifft dda o hyn yw'r dyfrgwn a oedd bron a chael eu dileu o ran helaeth o Dde Lloegr gan y plaleiddiad DDT yn yr 1960au cynnar. Mae'r diagram yn dangos y gadwyn fwyd sy'n diweddu gyda'r dyfrgi. Ni chaiff DDT ei ysgarthu, felly mae'n cronni ar hyd y gadwyn fwyd ac yn y pen draw y dyfrgi sy'n cael yr holl DDT a gasglwyd gan yr holl anifeiliaid eraill.

Mae Gwrteithiau'n Gwneud Drwg i Lynnoedd ac Afonydd – Ewtroffigedd

1) Mae gwrteithiau sy'n cynnwys nitradau yn hanfodol i ddulliau ffermio modern.
2) Hebddynt ni fyddai'r cnydau'n tyfu hanner cystal ac fe fyddai gostyngiad mawr yn y cynnyrch bwyd.
3) Y rheswm yw bod y cnydau'n cymryd nitradau allan o'r pridd ac mae angen rhoi mwy yno yn eu lle.
4) Mae'r problemau yn dechrau pan fydd peth o'r gwrtaith bras yn mynd i mewn i afonydd a nentydd.
5) Mae hyn yn digwydd yn ddigon hawdd os defnyddir gormod o wrtaith, yn enwedig os daw glaw yn fuan wedyn.
6) Y canlyniad yw Ewtroffigedd, sydd yn y bôn yn golygu "gormod o'r hyn sy'n dda".(Gall carthion crai sy'n cael eu pwmpio i afonydd achosi'r un broblem.)

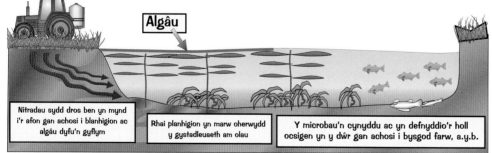

Algâu

Nitradau sydd dros ben yn mynd i'r afon gan achosi i blanhigion ac algâu dyfu'n gyflym

Rhai planhigion yn marw oherwydd y gystadleuaeth am olau

Y microbau'n cynyddu ac yn defnyddio'r holl ocsigen yn y dŵr gan achosi i bysgod farw, a.y.b.

Fel y gwelir yn y llun, mae gormod o nitradau yn y dŵr yn achosi "mega-dwf", "mega-farwolaeth" a "mega-phydredd" sy'n effeithio ar y rhan fwyaf o'r planhigion a'r anifeiliaid yn y dŵr.

7) Mae angen i ffermwyr gymryd llawer mwy o ofal wrth wasgaru gwrteithiau artiffisial.

Rydym wedi gwasgaru'r wybodaeth, yn awr dysgwch hi ...

Cofiwch wahaniaethu rhwng plaleiddiaid (sy'n lladd pryfed) a gwrteithiau (sy'n rhoi maetholynnau i'r planhigion). Gall y ddau fod yn niweidiol ond am resymau gwahanol. Rhaid dysgu'r manylion yn ofalus. Cuddiwch y dudalen ac ysgrifennwch draethodau byr ...

Mae Gormod o Bobl

Mae un yn cael ei eni bob munud – ac mae hynny'n ormod

1) Ar hyn o bryd mae poblogaeth y byd yn cynyddu allan o reolaeth fel y gwelir yn y graff.

2) Mae hyn wedi'i achosi yn bennaf gan feddygaeth fodern sydd wedi atal marwolaethau o ganlyniad i glefyd ar raddfa fawr.

3) Mae hefyd wedi'i achosi gan ddulliau modern o ffermio sy'n gallu darparu bwyd ar gyfer cynifer o bobl.

4) Erbyn hyn mae'r gyfradd marwolaethau yn is o lawer na'r gyfradd genedigaethau mewn llawer o wledydd sy'n datblygu. Hynny yw, mae llawer mwy o fabanod yn cael eu geni nag sydd o bobl yn marw.

5) Mae hyn yn creu problemau mawr i'r gwledydd hyn wrth geisio ymdopi â'r holl bobl ychwanegol.

6) Mae hyd yn oed darparu gofal iechyd sylfaenol ac addysg (ynglŷn ag atal cenhedlu) yn anodd, heb sôn am gael bwyd a chysgod ar eu cyfer.

Mae cynyddu Safonau Byw yn ychwanegu hyd yn oed Mwy o Bwysedd

Nid y boblogaeth yn cynyddu'n gyflym yw'r unig bwysedd ar yr amgylchedd. Mae safonau byw yn cynyddu ym mhob gwlad gan fynnu mwy oddi wrth yr amgylchedd.

Mae'r ddau ffactor hyn yn golygu:

1) Fod deunyddiau crai, gan gynnwys adnoddau egni anadnewyddadwy, yn cael eu defnyddio yn gyflym;

2) Bod mwy a mwy o wastraff yn cael ei gynhyrchu;

3) Os na fydd pobl yn trin gwastraff yn iawn fe achosir mwy o lygredd.

Pan oedd poblogaeth y byd yn llawer llai, roedd effaith gweithgaredd dynol yn fach ac yn lleol fel arfer.

Mae Mwy o Bobl yn Golygu LLai o Dir i'r Planhigion a'r Anifeiliaid

Mae pobl yn lleihau faint o dir sydd ar gael ar gyfer anifeiliaid a phlanhigion mewn pedair prif ffordd.

1) Adeiladu

2) Ffermio

3) Dympio gwastraff

4) Chwarela

Mae Mwy o Bobl yn Golygu Mwy o Niwed i'r Amgylchedd

Fe all gweithgaredd dynol lygru tair rhan yr amgylchedd:

1) Dŵr – gyda charthion, gwrtaith a chemegion gwenwynig;

2) Aer – gyda mwg a nwyon megis sylffwr deuocsid;

3) Tir – gyda chemegion gwenwynig, megis plaleiddiaid a chwynladdwyr.

Gall y rhain gael eu golchi o'r tir i'r dŵr.

Dysgwch y ffeithiau yn gyntaf – yna fe allwch adeiladu eich roced ...

Mae'r wybodaeth ar y dudalen hon yn frawychus. Ond eich problem uniongyrchol chi yw'r Arholiad. Felly, dysgwch y ffeithiau i gyd. Tair adran – traethawd byr ar gyfer pob un, nes y gwyddoch y cyfan.

Glaw Asid

Mae Llosgi Tanwyddau Ffosil yn Achosi Glaw Asid

1) Pan gaiff tanwyddau ffosil eu llosgi byddant yn rhyddhau <u>carbon deuocsid</u> yn bennaf, sy'n cynyddu'r <u>Effaith Tŷ Gwydr</u> (tud 86). Maent hefyd yn rhyddhau <u>dau</u> nwy niweidiol arall:
   a) <u>sylffwr deuocsid</u>   b) gwahanol <u>ocsidau nitrogen</u>
2) Pan fydd y rhain yn cymysgu â chymylau, maent yn ffurfio <u>asidau</u>, sydd wedyn yn disgyn fel <u>glaw asid</u>.
3) <u>Ceir</u> a <u>gorsafoedd pwer</u> yw'r prif bethau sy'n achosi glaw asid.

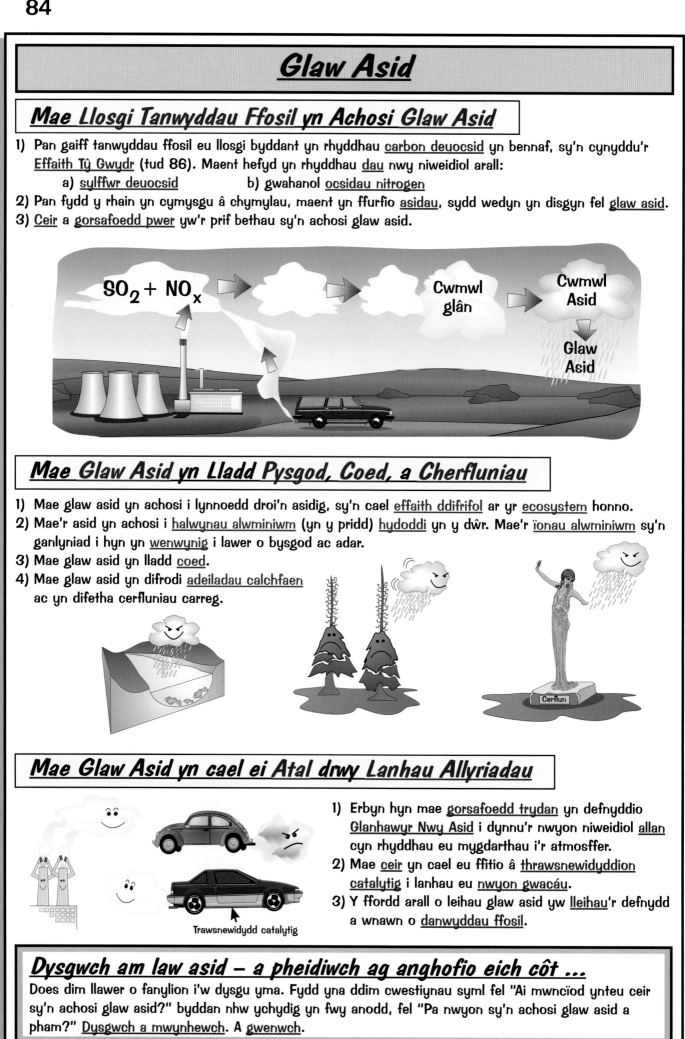

Mae Glaw Asid yn Lladd Pysgod, Coed, a Cherfluniau

1) Mae glaw asid yn achosi i lynnoedd droi'n asidig, sy'n cael <u>effaith ddifrifol</u> ar yr <u>ecosystem</u> honno.
2) Mae'r asid yn achosi i <u>halwynau alwminiwm</u> (yn y pridd) <u>hydoddi</u> yn y dŵr. Mae'r ïonau alwminiwm sy'n ganlyniad i hyn yn <u>wenwynig</u> i lawer o bysgod ac adar.
3) Mae glaw asid yn lladd <u>coed</u>.
4) Mae glaw asid yn difrodi <u>adeiladau calchfaen</u> ac yn difetha cerfluniau carreg.

Mae Glaw Asid yn cael ei Atal drwy Lanhau Allyriadau

1) Erbyn hyn mae <u>gorsafoedd trydan</u> yn defnyddio <u>Glanhawyr Nwy Asid</u> i dynnu'r nwyon niweidiol <u>allan</u> cyn rhyddhau eu mygdarthau i'r atmosffer.
2) Mae <u>ceir</u> yn cael eu ffitio â <u>thrawsnewidyddion catalytig</u> i lanhau eu <u>nwyon gwacáu</u>.
3) Y ffordd arall o leihau glaw asid yw <u>lleihau</u>'r defnydd a wnawn o <u>danwyddau ffosil</u>.

Trawsnewidydd catalytig

Dysgwch am law asid – a pheidiwch ag anghofio eich côt ...

Does dim llawer o fanylion i'w dysgu yma. Fydd yna ddim cwestiynau syml fel "Ai mwncïod ynteu ceir sy'n achosi glaw asid?" byddan nhw ychydig yn fwy anodd, fel "Pa nwyon sy'n achosi glaw asid a pham?" <u>Dysgwch a mwynhewch</u>. A gwenwch.

Llygredd Atmosfferig

Tair Prif Ffynhonnell Llygredd Atmosfferig yw ...

1) Llosgi Tanwyddau Ffosil

1) Tanwyddau ffosil yw glo, olew, a nwy naturiol.
2) Prif losgwyr tanwyddau ffosil yw ceir a gorsafoedd pŵer.
3) Yn bennaf, maent yn rhyddhau carbon deuocsid, sy'n cynyddu'r effaith tŷ gwydr.
4) Maent hefyd yn rhyddhau sylffwr deuocsid ac ocsidau nitrogen, sy'n achosi glaw asid.

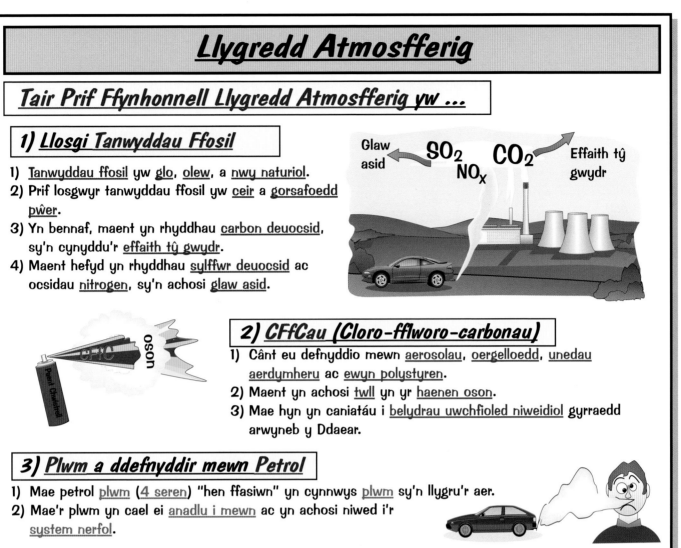

2) CFfCau (Cloro-fflworo-carbonau)

1) Cânt eu defnyddio mewn aerosolau, oergelloedd, unedau aerdymheru ac ewyn polystyren.
2) Maent yn achosi twll yn yr haenen oson.
3) Mae hyn yn caniatáu i belydrau uwchfioled niweidiol gyrraedd arwyneb y Ddaear.

3) Plwm a ddefnyddir mewn Petrol

1) Mae petrol plwm (4 seren) "hen ffasiwn" yn cynnwys plwm sy'n llygru'r aer.
2) Mae'r plwm yn cael ei anadlu i mewn ac yn achosi niwed i'r system nerfol.

Mae'n bwysig dysgu o ble daw pob math o lygredd a beth yn union yw effaith pob llygrydd. Er enghraifft, nid yw sylffwr deuocsid na chloro-fflwro-carbonau (CFfCau) yn effeithio ar yr effaith tŷ gwydr o gwbl. Mae'n bwysig peidio â drysu rhwng y gwahanol fathau o lygredd a'u heffeithiau.

Mae Datgoedwigo yn Cynyddu CO₂ a'r Effaith Tŷ Gwydr

Eisoes rydym fwy neu lai wedi datgoedwigo ein gwlad ni. Nawr mae nifer o wledydd trofannol tanddatblygedig yn gwneud yr un peth er mwyn cael pren ac i gael tir amaethyddol. Os nad yw colli miloedd o rywogaethau yn ddigon drwg, mae hyn hefyd yn cynyddu lefel y nwy tŷ gwydr, carbon deuocsid (CO_2), yn sylweddol.

Mae datgoedwigo yn cynyddu lefel y CO_2 yn yr atmosffer mewn dwy ffordd:

1) Llosgir y coed sydd ddim yn addas i'w defnyddio ar gyfer pren, gan ryddhau CO_2 i'r atmosffer yn uniongyrchol. Bydd microbau yn pydru'r coed a dorrwyd a'u gadael ar ôl, gan ryddhau CO_2 yn y broses.
2) Gan fod coed byw yn defnyddio CO_2 ar gyfer ffotosynthesis, bydd cael gwared ar y coed yma yn golygu bod llai o CO_2 yn cael ei dynnu o'r atmosffer.

Mae'r gwres yn cynyddu a'r arholiadau yn agosáu – felly dysgwch y gwaith ...

Rhaid i chi wneud ymdrech arbennig i ddysgu'r gwahanol fathau o lygredd aer. Sylwch er enghraifft fod ceir yn gwaredu tri pheth gwahanol, sy'n achosi tair problem wahanol. Dysgwch y ffeithiau yn dda.

Yr Effaith Tŷ Gwydr

Mae Carbon Deuocsid a Methan yn Dal Gwres o'r Haul

1) Mae tymheredd y Ddaear yn gydbwysedd rhwng y gwres y mae'n ei gael o'r Haul a'r gwres y mae'n ei belydru yn ôl i'r gofod.
2) Mae'r atmosffer yn gweithredu fel haen ynysu ac yn cadw peth o'r gwres i mewn.
3) Dyma sy'n digwydd mewn tŷ gwydr neu ystafell wydr.

Egni golau o'r Haul

Haenen o CO_2 a methan

Adlewyrchu pelydriad gwres yn ôl i'r Ddaear

Mae'r haul yn tywynnu i mewn iddo ac mae'r gwydr yn ei gadw i mewn. Felly, mae'n mynd yn fwy fwy cynnes.

4) Mae sawl nwy gwahanol yn yr atmosffer sy'n dda iawn o ran cadw'r gwres i mewn. Fe'u gelwir yn "nwyon tŷ gwydr" – rhyfedd yntê. Y prif rai y byddwn yn poeni amdanynt yw methan a charbon deuocsid, am fod lefelau'r rhain yn cynyddu'n eithaf cyflym.
5) Mae gweithgaredd dynol yn cynyddu'r Effaith Tŷ Gwydr gan achosi i'r Ddaear gynhesu yn raddol iawn.

Gall yr Effaith Tŷ Gwydr achosi Llifogydd a Sychder ...(!)

1) Gallai newidiadau ym mhatrymau'r tywydd a'r hinsawdd achosi problemau sychder neu lifogydd.
2) Pe bai'r capiau iâ pegynol yn ymdoddi byddai lefel y môr yn codi. Gallai hyn achosi llifogydd ar hyd llawer o arfordiroedd y byd lle mae'r tir yn isel gan gynnwys nifer o ddinasoedd mawr.

Mae Bywyd Diwydiannol Modern yn Achosi'r Effaith Tŷ Gwydr

1) Ar un adeg bu cydbwysedd da yn lefel yr CO_2 yn yr atmosffer rhwng yr CO_2 a ryddhawyd drwy resbiradaeth (anifeiliaid a phlanhigion) a'r CO_2 a amsugnwyd drwy ffotosynthesis.
2) Fodd bynnag, mae dynolryw wedi llosgi cryn dipyn o danwyddau ffosil yn ystod y ddwy ganrif ddiwethaf.
3) Rydym hefyd wedi torri coed i lawr ledled y byd er mwyn cael lle i fyw a ffermio. Y term am hyn yw datgoedwigo.
4) Mae lefel yr CO_2 yn yr atmosffer wedi cynyddu tua 20%. Bydd yn parhau i gynyddu'n gyflymach fyth cyhyd ag y byddwn yn parhau i losgi tanwyddau ffosil – edychwch ar y graff.

% CO_2 yn yr atmosffer

Blwyddyn

Tymheredd (°C)

Cymedr

Blwyddyn

Mae Methan Hefyd yn Broblem

1) Mae nwy methan hefyd yn cyfrannu at yr Effaith Tŷ Gwydr.
2) Fe'i cynhyrchir yn naturiol o wahanol ffynonellau, megis corstir naturiol.
3) Fodd bynnag, y ddwy ffynhonnell o fethan sydd ar gynydd yw:
  a) Tyfu reis
  b) Magu gwartheg – y gwartheg yn "torri gwynt" yw'r broblem, credwch fi neu beidio.

Mae'r gwres yn cynyddu a'r arholiadau'n agosáu – felly dysgwch y gwaith ...

Mae llawer o fanylion ar y dudalen hon ac fe allech gael cwestiwn arnynt yn yr Arholiad. Ysgrifennwch draethawd byr ar gyfer pob adran gan nodi'r hyn a gofiwch ...

Dadelfennu a'r Gylchred Garbon

1) Mae pethau byw yn cynnwys defnyddiau a gymerant o'r byd o'u cwmpas.
2) Pan fyddant yn dadelfennu, mae'n fater o lwch i lwch a lludw i ludw.
3) Hynny yw, mae'r elfennau y maent yn eu cynnwys yn dychwelyd i'r pridd y daethant ohono yn wreiddiol.
4) Yna defnyddir yr elfennau hyn gan blanhigion i dyfu ac mae'r gylchred yn digwydd drosodd a throsodd.

Bacteria a Ffyngau fydd yn Dadelfennu Defnyddiau

1) Mae pob sylwedd planhigyn ac anifail marw yn cael ei ddadelfennu gan facteria a ffyngau o'r pridd.
2) Mae hyn yn digwydd ym mhobman mewn natur a hefyd mewn tomenni compost a gweithfeydd trin carthion.
3) Felly ailgylchir yr holl elfennau pwysig: Carbon, Hydrogen, Ocsigen a Nitrogen.
4) Yr amodau delfrydol ar gyfer creu compost yw:
   a) Cynhesrwydd
   b) Lleithder
   c) Ocsigen (Aer)
   ch) Dadelfenyddion (h.y. bacteria a ffyngau)
   d) Sylwedd Organig wedi ei dorri'n ddarnau mân

   Dysgwch y pump.

Mae'r Gylchred Garbon yn Dangos sut y Caiff carbon ei Ailgylchu

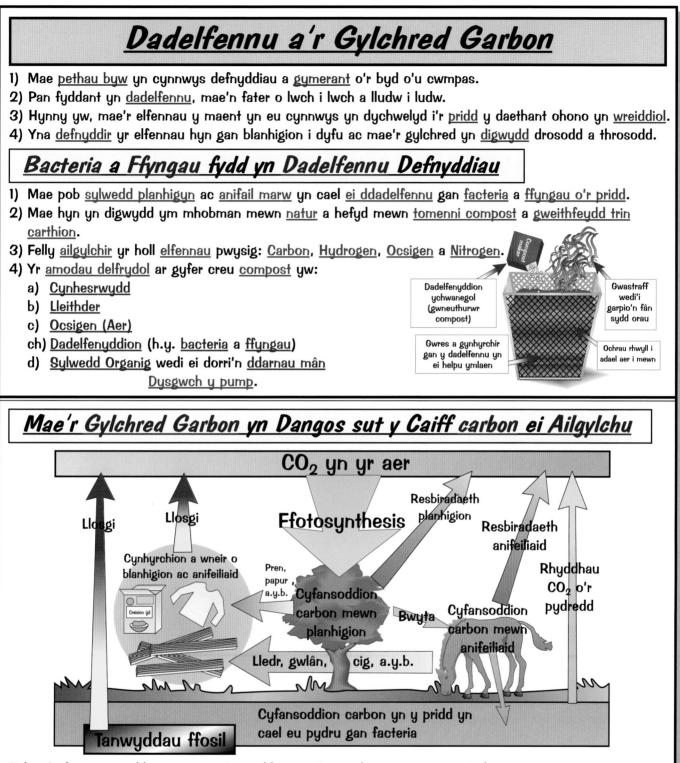

Nid yw'r diagram cynddrwg ag y mae'n ymddangos. Dysgwch y pwyntiau pwysig hyn:
1) Dim ond un saeth sy'n mynd i lawr. Mae'r cwbl yn cael ei "bweru" gan ffotosynthesis.
2) Mae resbiradaeth planhigion ac anifeiliaid yn dychwelyd CO_2 i'r atmosffer.
3) Mae planhigion yn trawsnewid y carbon mewn CO_2 o'r aer yn frasterau, carbohydradau a phroteinau.
4) Gall y rhain fynd dair ffordd: cael eu bwyta, pydru neu gael eu troi'n gynhyrchion defnyddiol gan bobl.
5) Mae bwyta'n trosglwyddo peth o'r brasterau, y proteinau a'r carbohydradau yn frasterau, proteinau a charbohydradau newydd yn yr anifail sy'n eu bwyta.
6) Yn y pen draw bydd cynhyrchion planhigion ac anifeiliaid yn pydru neu'n cael eu llosgi, gan ryddhau CO_2.

Cylchred arall i'w dysgu ...

Dysgwch y pum amod delfrydol ar gyfer gwneud compost. Mae fersiwn arall o'r gylchred garbon yn y Llyfr Adolygu Cemeg y dylech edrych arno, ond mae'r fersiwn hwn yn haws ei ddeall. Dylech ymarfer ei ysgrifennu o'ch cof. Daliwch ati nes i chi lwyddo.

Crynodeb Adolygu Adran Chwech

Mae llawer i'w ddysgu yn adran chwech. Dylech ymarfer ysgrifennu'r hyn y medrwch ei gofio ynglŷn â phob pwnc ac yna gweld pa bethau a anghofiwyd gennych. Bydd y cwestiynau isod yn rhoi syniad go dda i chi o'r hyn y dylech ei wybod. Mae angen i chi ymarfer ac ymarfer eu hateb – nes y gallwch wneud hynny'n ddidrafferth.

1) Beth yw'r pedwar peth sylfaenol sy'n penderfynu maint poblogaeth rhywogaeth?
2) Disgrifiwch yn fanwl yr hyn sy'n digwydd i boblogaethau ysglyfaethau ac ysglyfaethwyr.
3) Brasluniwch graff nodweddiadol o boblogaethau ysglyfaethau ac ysglyfaethwyr.
4) Rhestrwch saith o nodweddion goroesi yr arth wen a'r camel, a phump o nodweddion goroesi'r cactws.
5) Beth yw pyramidiau niferoedd?
6) Pam, yn gyffredinol, y cewch byramid niferoedd?
7) Pam y mae pyramidiau niferoedd weithiau'n mynd o'i le? Pa byramidiau sy'n gywir bob amser?
8) O ble y daw'r egni mewn cadwyn fwyd yn wreiddiol? Beth sy'n digwydd i'r egni?
9) Faint o egni a biomas sy'n mynd o un lefel droffig i'r lefel nesaf?
10) Ble mae'r gweddill yn mynd? Beth yw goblygiadau hyn ar gyfer dulliau ffermio lle mae bwyd yn brin?
11) Sut y defnyddir y syniad hwn i dorri costau wrth fagu moch a ieir yn y wlad hon? Ydy hynny'n beth da?
12) Disgrifiwch fanylion ffermydd pysgod eogiaid yn yr Alban.
13) Eglurwch pam y mae ffermio organig yn cynrychioli ecosystem reoledig, yn wahanol i ddulliau ffermio modern?
14) Rhowch bedwar rheswm pam mae'r dylluan wen mewn perygl o ddiflannu ac esboniwch yr hyn sydd angen ei wneud i'w hamddiffyn.
15) Beth sy'n cael ei wneud i achub penfras Gogledd yr Iwerydd?
16) Rhestrwch bedair problem sy'n deillio o ddatgoedwigo mewn gwledydd trofannol.
17) Os yw datgoedwigo yn beth mor ddrwg, pam mae'r gwledydd hyn yn ei wneud?
18) Pam y defnyddir plaleiddiaid cemegol? Beth yw anfanteision gwneud hyn?
19) Eglurwch yn fanwl sut mae plaleiddiaid yn mynd i'r gadwyn fwyd? Beth ddigwyddodd gyda DDT yn yr 1960au?
20) Beth sy'n digwydd pan roddir gormod o wrtaith nitradau ar gaeau? Rhowch fanylion llawn.
21) Sut gellir osgoi y broblem ynglŷn â gorddefnyddio gwrtaith nitradau?
22) Beth sy'n digwydd i boblogaeth y byd?
23) Pa ddau beth sy'n bennaf gyfrifol am y duedd hon?
24) Beth gellir ei ddweud am y gyfradd genedigaethau a'r gyfradd marwolaethau mewn gwledydd sy'n datblygu?
25) Pa broblemau mae poblogaeth sy'n cynyddu'n gyflym yn eu creu i wlad?
26) Pa effaith mae mwy a mwy o bobl yn ei gael ar yr amgylchedd?
27) Pa nwyon sy'n achosi glaw asid? O ble y daw'r nwyon hyn?
28) Beth yw tair prif effaith niweidiol glaw asid?
29) Eglurwch sut yn union y caiff pysgod eu lladd gan law asid.
30) Rhowch dair ffordd y gellid lleihau glaw asid.
31) Beth yw tair prif ffynhonnell llygredd atmosfferig?
32) Beth yw union effeithiau amgylcheddol pob un o'r tair ffynhonnell llygredd hyn?
33) Pa ddau nwy yw'r prif ffactorau sy'n achosi'r effaith tŷ gwydr?
34) Eglurwch sut mae'r effaith tŷ gwydr yn digwydd.
35) Pa ddau ganlyniad arswydus allai ddeillio o'r effaith tŷ gwydr?
36) Beth sy'n achosi'r cynnydd yn lefel y carbon deuocsid yn yr atmosffer?
37) Sut gallwn ei atal rhag cynyddu ymhellach?
38) Pa ddau beth sy'n achosi'r cynnydd yn lefel y methan yn yr atmosffer?
39) Pa ddau fath o organeb sy'n gyfrifol am bydru sylwedd organig?
40) Beth yw'r pum amod delfrydol ar gyfer gwneud compost? Lluniwch wneuthurwr compost.
41) Eglurwch y Gylchred Garbon. Lluniwch gymaint ohoni ag y medrwch o'ch cof.

Mynegai

Mynegai

Mynegai

Mynegai